Valuable Book about Soft Furnishing Materials

软装素材宝典

中装美艺　策划　　　严建中　吴艳　主编

江苏凤凰科学技术出版社

图书在版编目（CIP）数据

软装素材宝典 / 严建中，吴艳主编. -- 南京 : 江苏凤凰科学技术出版社，2016.1

ISBN 978-7-5537-5535-9

Ⅰ. ①软… Ⅱ. ①严… ②吴… Ⅲ. ①住宅－室内装饰设计 Ⅳ. ①TU241

中国版本图书馆 CIP 数据核字（2015）第 242817 号

软装素材宝典

策　　划　中装美艺
主　　编　严建中　吴　艳
项目策划　凤凰空间/杜玉华
责任编辑　刘屹立

出版发行　凤凰出版传媒股份有限公司
　　　　　江苏凤凰科学技术出版社
出版社地址　南京市湖南路1号A楼，邮编：210009
出版社网址　http://www.pspress.cn
总 经 销　天津凤凰空间文化传媒有限公司
总经销网址　http://www.ifengspace.cn
经　　销　全国新华书店
印　　刷　上海雅昌艺术印刷有限公司

开　　本　889 mm×1 194 mm　1 / 16
印　　张　15.25
字　　数　432 000
版　　次　2016年1月第1版
印　　次　2024年10月第2次印刷

标准书号　ISBN 978-7-5537-5535-9
定　　价　268.00元

目录 contents

VALUABLE
BOOK ABOUT
SOFT FURNISHING
MATERIALS
软装素材宝典

家具

灯具

饰品

布艺

花艺

画品

杂项

软装素材宝典

VALUABLE BOOK

ABOUT SOFT FURNISHING

MATERIALS

家具 / Furniture

家具的实用性最重要，直接决定了人们能否生活得舒适自在。精挑细选的家具，慎重考虑过的摆放位置以及摆放方式能提高居住者的生活品质，相反，不科学的设计会在很大程度上限制人们的生活方式。

首先，玄关不仅是进出家门的地方，也是整个空间风格的起始点，实用性和设计感同样重要。玄关一般需要承接人们的进出往来，许多人还会在这里换鞋、穿外套和最后确认妆容。所以玄关柜、玄关桌或长凳一般是玄关的首选家具，再配合鲜花、简洁实用的桌摆和可调节明暗的台灯便能轻松打造舒心的氛围。其次，客厅既可以是与亲朋好友畅谈团聚的地方，也可以是独自看电视、阅读的地方，因此给客厅选家具的时候，最重要的是先考虑这个空间的主要用途。

餐厅是享受美食、畅所欲言的地方，因此不论是颜色还是布置都应该让人觉得放松、愉悦。橱柜决定了厨房的整体感觉，然而操作台和周边墙面的选择则能体现使用者的喜好与个性。材质的选择要契合使用者的生活方式并容易打理与保养。烹饪的地方需要加强照明。让厨房有别于其他房间的重要元素就是整套的橱柜。舒适的卧室是一夜好梦的保证，温馨柔和的色彩搭配、舒适的床品、良好的通风和绿色盆栽都能增加卧室的和谐感，让人彻底放松下来。卧室同样是彻底展现个性的私人空间，法国国王路易十四把宴会厅和沙龙场所装饰得奢华繁复，但卧室却是他情有独钟的简洁风格。所以卧室家具和饰品的选择上可以充分展现主人的喜好。

椅子

Heritage 餐椅

品牌：Harbor House
型号：100090
规格：L450mm × W540mm × H860mm
市场价：2 380 元
材质：橡胶木、榉木单板、环保人造板
风格：美式休闲

长凳

品牌：Angela Adrdisson
型号：PH-24
市场价：121 600 元
材质：胡桃木、牛皮革

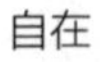

自在

品牌：竹工凡木设计研究室
市场价：定制产品
材质：废弃角材

Harmony 凳子

品牌：Harbor House
型号：100081
规格：L500mm × W350mm × H540mm
市场价：1 080 元
材质：橡胶木
风格：美式休闲

Malibu 藤椅

品牌：Harbor House
型号：100067
规格：L730mm × W730mm × H830mm
市场价：4 680 元
材质：松木、环保人造板、藤、海绵、全涤平绒布
风格：美式休闲

画椅——圈椅

品牌：MOSMODE
规格：550mm x 550mm x H900mm
市场价：6 600 元
材质：多层有机玻璃钢板
风格：新中式
设计说明：用传统中式圈椅的线条勾勒现代座椅的新形态。

画椅——梳背

品牌：MOSMODE
规格：550mm x 550mm x H900mm
市场价：6 600 元
材质：多层板有机玻璃
风格：新中式
设计说明：用传统中式圈椅的线条勾勒现代座椅的新形态。

摇滚躺椅

品牌：Angela Adrdisson
型号：PH-27
市场价：121 600 元
材质：旧木材、铝

Harbor 餐椅

品牌：Harbor House
型号：102853
规格：L480mm x W540mm x H890mm
市场价：2 680 元
材质：红橡木、红橡木单板、环保人造板
风格：美式休闲

Tom & Jerry 椅

品牌：Morosof Design
型号：CH86
市场价：5 800 元
材质：山毛榉
风格：后现代主义
设计说明：这张椅子的设计灵感来源于LouisXV，通过对原有模型的改造，而得出最终造型。

铸铝条凳

品牌：MOSMODE
规格：330mm x 330mm x H1500mm
市场价：11 000 元
材质：铸铝
风格：新中式
设计说明：极简的线条勾勒出中式的图案，陈列柜亦可营造中式情怀。

La Sans 椅

品牌：Morosof Design
型号：CH115
市场价：4 200 元
材质：橡木
风格：后现代主义
设计说明：这张椅子的设计灵感来源于LouisXV，通过对原有模型的改造，而得出最终造型。

L'Insassiable 椅

品牌：Morosof Design
型号：CH116
市场价：4 500 元
材质：山毛榉
风格：后现代主义
设计说明：这张椅子的设计灵感来源于LouisXV，通过对原有模型的改造，而得出最终造型。

Tom & Jerry 椅

品牌：Morosof Design
型号：CH86
市场价：4 500 元
材质：山毛榉
风格：后现代主义
设计说明：这张椅子的设计灵感来源于LouisXV，通过对原有模型的改造，而得出最终造型。

Tom & Jerry 椅

品牌：Morosof Design
型号：CH86
市场价：5 500 元
材质：山毛榉
风格：后现代主义
设计说明：这张椅子的设计灵感来源于LouisXV，通过对原有模型的改造，而得出最终造型。

椅子

品牌：Morosof Design
市场价：8 000 元
材质：Reclaimed Elm 回收榆木
风格：后现代主义
设计说明：此款椅子选取中国回收的榆木材质打造，代表着传统木工与现代木工的结合。

蒙德里安椅子

品牌：YAANG Design Ltd.
型号：FU-SC-C1
规格：440mm×420mm×880mm
市场价：3 800 元
材质：木质、丝绸
风格：现代
设计说明：一把跳跃着中国真丝色彩的蒙德里安椅子。

吧凳

品牌：博瑞奇
型号：2011CG-017
规格：320mm×320mm×630mm
市场价：814 元
材质：榆木
设计说明：此款吧凳材质为百年老榆木加老铁，可调节高度

全铜花椅

品牌：YAANG Design Ltd.
型号：FU-C-L1
规格：450mm×450mm×1000mm
风格：现代
市场价：28 000 元
材质：黄铜

画椅——官帽

品牌：MOSMODE
规格：550mm × 550mm × H900mm
市场价：6 600 元
材质：多层有机玻璃钢板
风格：新中式
设计说明：用传统中式官帽椅的线条勾勒现代座椅的新形态。

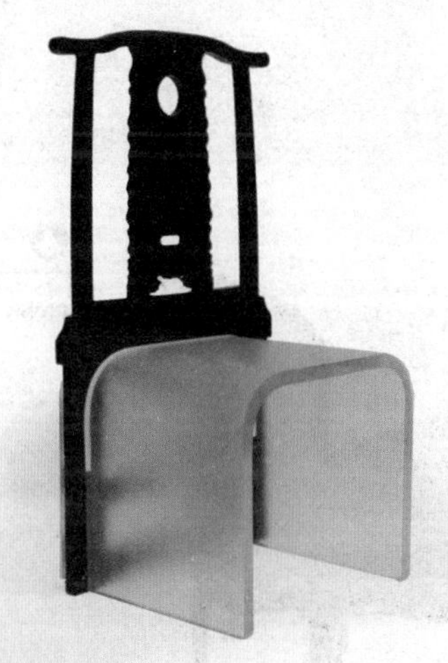

铸铝茶几套

品牌：MOSMODE
规格：900mm × 600mm × H450mm
市场价：11 000 元
材质：铸铝
风格：现代
设计说明：视错觉造成的艺术独特形态。

花样年华 餐椅

品牌：YAANG Design Ltd.
型号：FU-C-R1R
规格：580mm × 550mm × 730mm
市场价：1 800 元
材质：木质、丝绒
风格：现代
设计说明：裹着丝绒面料的餐椅精致优雅而时尚。

铸铝靠背椅

品牌：MOSMODE
规格：550mm × 550mm × H800mm
市场价：11 000 元
材质：铸铝
风格：现代
设计说明：视错觉造成的艺术独特形态，一对椅子也可以成为空间中的主角。

La Cinq 椅

品牌：Morosof Design
型号：CH103
市场价：4 200 元
材质：Oak & Stainless 橡木 & 不锈钢
风格：后现代主义
设计说明：橡木和不锈钢材质的组合，俨然是古朴与现代的结合。

Tom & Jerry 椅

品牌：Morosof Design
型号：CH86
市场价：4 500 元
材质：山毛榉
风格：后现代主义
设计说明：这张椅子的设计灵感来源于 LouisXV，通过对原有模型的改造，而得出最终造型。

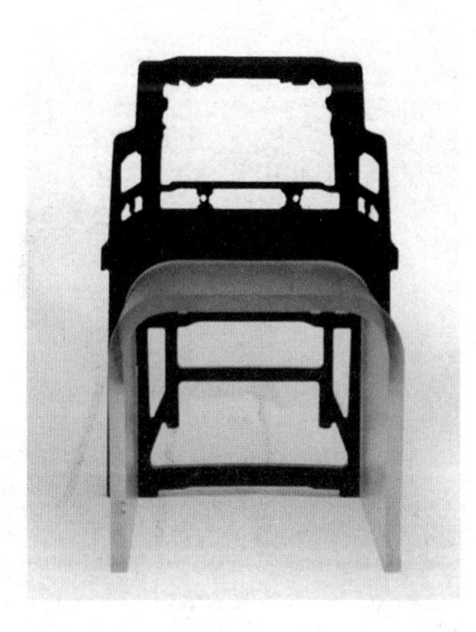

画椅——玫瑰

品牌：MOSMODE
规格：550mm × 550mm × H900mm
市场价：6 600 元
材质：多层板有机玻璃
风格：现代
设计说明：用传统中式玫瑰椅的线条勾勒现代座椅的新形态。

RM58 安乐椅

品牌：Vzor
型号：经典款
规格：720mm×680mm×670mm 15kg
市场价：4 360 元
材质：聚乙烯、钢板烤漆、亚光黑色

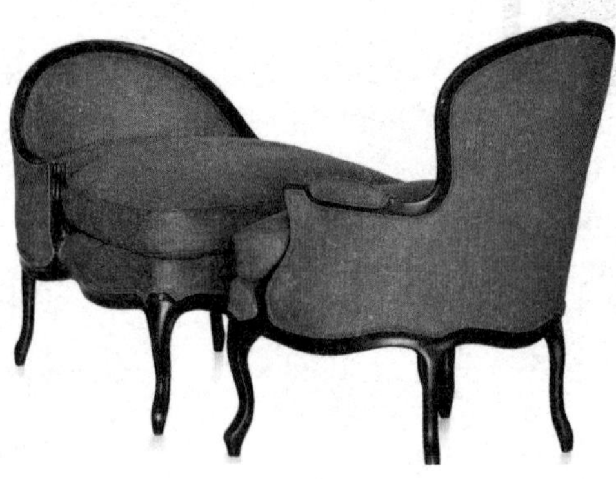

RM58 安乐椅

品牌：Vzor
型号：经典限量版
规格：720mm×680mm×670mm 12kg
市场价：5 300 元
材质：玻璃纤维、凝胶漆、钢板烤漆、哑光黑色

RM58 安乐椅

品牌：Vzor
型号：马特款
规格：720mm×680mm×670mm 14kg
市场价：2 500 元
材质：聚乙烯、钢板烤漆、亚光黑色

Tom & Jerry 椅

品牌：Morosof Design
型号：CH86
市场价：12 000 元
材质：山毛榉
风格：后现代主义
设计说明：这张椅子的设计灵感来源于LouisXV，通过对原有模型的改造，而得出最终造型。

餐椅

品牌：青木堂
型号：RL11-210-443
规格：430mm×450mm×760mm
市场价：4 200 元
材质：花梨木
风格：现代东方
设计说明：单椅由下观之，形似官帽，背板居中稳定和谐，内省静观，自有天地。侧面观赏，座椅内凹，两侧微扬，如和风吹来，迎风展翅，蓄势待发。

SQN1-F2 A 椅

品牌：张周捷
型号：限量版 12
规格：L600mm × W600mm × H750mm
市场价：定制产品
材质：不锈钢、超镜面

SQN3-A 椅

品牌：张周捷
型号：限量版 12
规格：L600mm × W600mm × H700mm
市场价：定制产品
材质：不锈钢、超镜面

SQN1 - F2 B 椅

品牌：张周捷
型号：限量版 12
规格：L600mm × W600mm × H750mm
市场价：定制产品
材质：不锈钢、超镜面

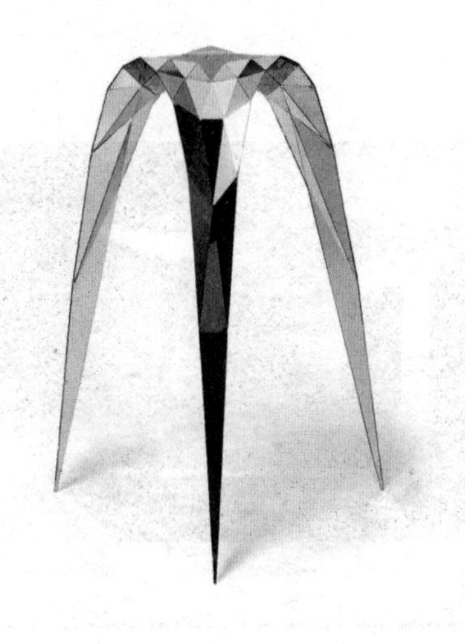

ET2-B9 椅

品牌：张周捷
型号：限量版 50
规格：L360mm × W300mm × H560mm
市场价：定制产品
材质：不锈钢、超镜面

SQN1-F2

品牌：张周捷
型号：限量版 12
规格：L600mm × W600mm × H700mm
市场价：定制产品
材质：不锈钢、超镜面

单椅

品牌：青木堂
型号：R521-260-443
规格：780mm × 690mm × 1000mm
市场价：15 000 元
材质：花梨木
风格：现代东方
设计说明：自然单椅的物体系中容有身体记忆，时间感的、性别感的，或是品味知觉的；那自然面貌虽由人作，却可任凭解读而丰富日常生活。整体而言，雅致的质感与风格，透过构件的线条和乘坐面板的对比，产生一种机能及表情的亲近性。

单椅

品牌：青木堂
型号：R421-250-443
规格：740mm × 790mm × 1020mm
市场价：16 200 元
材质：花梨木
风格：现代东方
设计说明：承续于古代家具所雕为朴之风，精而便、简而裁、巧而自然，并结合花梨木天然之优美纹理与光润色泽，试图将传统工艺美学与现代生活空间做整合，简单大方又不失其高贵气质，表现出大气、质朴、自然、扎实的个性。

餐椅

品牌：青木堂
型号：RJ10-210-443
规格：480mm × 500mm × 96.50mm
市场价：6 000 元
材质：花梨木
风格：现代东方
设计说明：适度的弧形椅背与椅脑，轮廓化的贴合人形，提供充分的舒适感，加注了这样的流线造型美感，在精神层面上更蕴含了中国人的柔顺与谦和观念。

皮背椅

品牌：青木堂
型号：R491-340-443
规格：580mm × 530mm × 940mm
市场价：9 000 元
材质：花梨木
风格：现代东方
设计说明：设计上考虑那来自材料加工而有的质感和价值感；做法上，检选一整张原皮绕过实木支架，体现稳称、珍贵、适体的全新感受——自然而优雅。如此，整体设计的设计完成度，恰如其分地让全牛皮椅背、花梨实木骨架与座面的设计考虑，同时融入人因工程学、舒适性、耐用性及易于维护等四大因素。

椅凳

品牌：青木堂
型号：R491-280-443
规格：480mm × 380mm × 350mm
市场价：8 000 元
材质：花梨木
风格：现代东方
设计说明：集空间中的形势力量于一器物之用，形成场所中的视觉焦点；集技术、科学与艺术于一器物，发挥原始木质材料的最高美善；从材料质感到形式表情，凳子的雄伟神韵传达环保年代里最深刻的人文关怀——“乘坐”与“制作”同样的尊贵。

椅凳

品牌：青木堂
型号：RJ61-510-443
市场价：5 500 元
材质：花梨木
风格：现代东方
设计说明：椅角飞檐，四足敦方，泉沥随心，撑香渡尚。以两侧微弧上扬的座面，贴合身形的同时，椅脚与立木采用十字搭接的结构承托座面，也顺势提供了双手提拿取放的位置，让肢体更为舒适；四边分别斜倾内削，柔化边角同时也防碰撞。

对话长凳

品牌：青木堂
型号：W690-390-44
规格：规格依现料而定
市场价：价格依现料而定
材质：花梨木
风格：现代东方
设计说明：昔日台湾人惯用L条板凳放置日常生活起居物品，无形中成为社交文化的公共形象，重新诠释L条凳的意貌后，我们期待能与记忆产生链接，在有限的弧度里，提供我们无限的空间意境，想象伴随多人共坐，自然而然地展开人与人之间的对话。

高脚椅

品牌：青木堂
型号：RE11-390-443
规格：400mm×350mm×630mm
市场价：5 500 元
材质：花梨木
风格：现代东方
设计说明：由外向内聚中的椅脚，向上承托温润厚实的座面，向下切削似鼎形，使人能垂足而坐、搬动合宜。椅脚下方削觚为圆，贴近使用，同时利于地面线路疏通。顺应身形的全实木座面板，借由颈部构架托承，以上扬之姿衬托尊贵之势。整体形貌秀劲疏朗、隽雅逸放。

圆椅

品牌：蓦然回首
型号：420000652
规格：560mm×560mm
市场价：3 240 元
材质：铁
产地：福建

琴瑟对椅 / 几

品牌：青木堂
型号：R621-340-443
R621-340-443-1
R621-440-443
规格：64.50mm × 700mm × 1260mm
64.50mm × 700mm × 1260mm
58.50mm × 470mm × 58.50mm
市场价：18 600 元、19 000 元、5 000 元
材质：花梨木
风格：现代东方

椅

品牌：清境家具
型号：MT-074
规格：L630mm × W540mm × H860mm
市场价：3 968 元
材质：白橡木
风格：新中式

椅

品牌：清境家具
型号：MT-075
规格：L720mm × W600mm × H790mm
市场价：5 600 元
材质：白橡木
风格：新中式

凳子

品牌：清境家具
型号：MT-069
规格：H42.50mm × D330mm
市场价：2 688 元
材质：原木
风格：新中式

椅

品牌：清境家具
型号：MT-073
规格：L600mm × W490mm × H750mm
市场价：3 760 元
材质：白橡木
风格：新中式

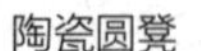

陶瓷圆凳

品牌：蓦然回首
型号：41000012
规格：330mm × 330mm × 360mm
市场价：1 580 元
材质：陶瓷
产地：福建

皮制圆凳

品牌：蓦然回首
型号：40000346
规格：450mm×450mm×43.50mm
市场价：1 980 元
材质：皮制
产地：福建

躺椅

品牌：蓦然回首
型号：420000632
规格：1200mm×650mm
市场价：4 868 元
材质：铁
产地：福建

座椅

品牌：蓦然回首
型号：81000018
规格：600mm×500mm×470mm
市场价：5 128 元
材质：毛竹
产地：菲律宾

圆凳

品牌：蓦然回首
型号：85000000
规格：Φ450mm
市场价：1 758 元
材质：全棉
产地：印度

圆凳

品牌：蓦然回首
型号：85000001
规格：Φ350mm
市场价：1 280 元
材质：全棉
产地：印度

圆方禅椅

品牌：物本造
型号：WBZ-08
规格：920mm×920mm×500mm
市场价：8 500 元
材质：美国白橡木（漆深色）
风格：新中式
设计说明：此椅主要是坐禅及练习瑜伽的人士使用，结构上借鉴了中式及北欧风格，总体形状基本采用“圆型”和“方型”组成，几何化的线条结构极富现代感。“方”与“圆”为中国道家思想理念，从“物”到“理”都可用方与圆来归纳。这也是一个辩论的哲学思想。中国人把天地比作天圆地方，此椅也表达人与天地万物共生的理念。坐垫的莲花为佛的符号，佛教中以莲喻意高洁、清静、淡雅脱俗。

圆凳

品牌：蓦然回首
型号：420000572
规格：52.50mm×52.50mm×64.50mm
市场价：2 045 元
材质：铁、实木
产地：福建

椅子

品牌：蓦然回首
型号：40000342
规格：常规
市场价：1 200 元
材质：实木
产地：浙江

圆凳人

品牌：深圳市欣意美饰品有限公司
规格：820mm × 820mm × 330mm
市场价：4 200 元
材质：漫画系列布料
风格：现代、后现代
设计说明：为不同空间打造个性化装饰效果，给客户带来美的享受和完美空间体验。

椅子

品牌：蓦然回首
型号：420000552
规格：690mm × 630mm
市场价：3 295 元
材质：铁
产地：福建

皇冠扶手椅子

品牌：深圳市欣意美饰品有限公司
型号：M10683
规格：550mm × 630mm × 1030mm
市场价：5 100 元
材质：亚黑、骷髅图案布料
风格：现代、后现代

皮制软凳

品牌：蓦然回首
型号：40000345
规格：900mm × 900mm × 450mm
市场价：4 680 元
材质：皮制
产地：福建

个性图案单椅

品牌：深圳市欣意美饰品有限公司
型号：M10682
规格：500mm × 450mm × 1020mm
市场价：5 000 元
材质：外框蓝色和黑色、卡通狗图案（卡通狗带帽子）
风格：现代、后现代

个性图案单椅

品牌：深圳市欣意美饰品有限公司
型号：M10682
规格：500mm × 450mm × 1020mm
市场价：5 000 元
材质：外框紫红和黑色、卡通白狗图案
风格：现代、后现代

个性图案单椅

品牌：深圳市欣意美饰品有限公司
型号：M10682
规格：500mm × 450mm × 1020mm
市场价：5 000 元
材质：外框黄色和黑色、卡通白狗图案
风格：现代、后现代

皮制 U 形长凳

品牌：蓦然回首
型号：40000343
规格：880mm × 40.50mm × 63.50mm
市场价：3 588 元
材质：皮制
产地：福建

皮制 U 型长凳

品牌：蓦然回首
型号：40000344
规格：1060mm × 390mm × 690mm
市场价：3 898 元
材质：皮制
产地：福建

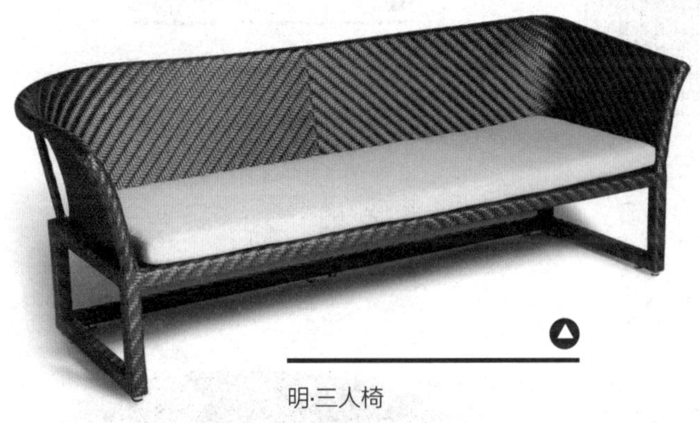

明·三人椅

品牌：观塘景致有限公司
型号：AC5544N12RAT
规格：193.50mm × 780mm × 700mm
市场价：16 800 元
材质：高密度聚乙烯藤
风格：新中式

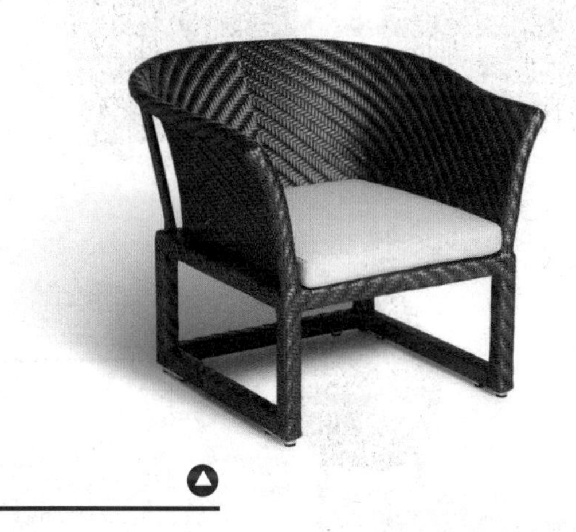

明·圈椅

品牌：观塘景致有限公司
型号：AC5544N10RAT
规格：850mm × 780mm × 700mm
市场价：8 400 元
材质：高密度聚乙烯藤
风格：新中式

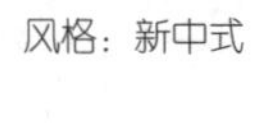

明·实转角扶手榻

品牌：观塘景致有限公司
型号：AS5544N89RAT
规格：780mm × 203.50mm × 700mm
市场价：13 000 元
材质：高密度聚乙烯藤
风格：新中式

椅子

品牌：蓦然回首
型号：420000582
规格：570mm × 550mm × 760mm
市场价：2 370 元
材质：铁、实木
产地：福建

方凳

品牌：蓦然回首
型号：81000019
规格：410mm × 410mm × 410mm
市场价：4 600 元
材质：毛竹
产地：菲律宾

椅子

品牌：罗玛
型号：BC336
规格：480mm × 508mm × 820mm
市场价：8 400 元
材质：仿皮
风格：简约现代
颜色：黑灰色

椅子

品牌：罗玛
型号：BC340-1
规格：560mm × 600mm × 890mm
市场价：943 元
材质：仿古铜烤漆、不锈钢、布工艺
风格：新中式
颜色：黑色

椅子

品牌：罗玛
型号：BC340-2
规格：570mm × 600mm × 920mm
市场价：759 元
材质：仿古铜烤漆、不锈钢、布工艺
风格：新中式
颜色：黑色

餐椅

品牌：罗玛
型号：BC352-1
规格：670mm × 640mm × 740mm
市场价：2 919 元
材质：玫瑰金不锈钢、布工艺
风格：北欧
颜色：玫瑰金、灰

椅子

品牌：罗玛
型号：GS-11-201
规格：900mm×850mm×710mm
市场价：2 216 元
材质：皮革
风格：欧式
颜色：深黄色

餐椅

品牌：罗玛
型号：BC341
规格：560mm×600mm×890mm
市场价：827 元
材质：烤漆脚、皮革、布料
风格：简约现代
颜色：玫瑰金、银灰

椅子

品牌：罗玛
型号：BC339
规格：590mm×580mm×780mm
市场价：619 元
材质：烤漆、亮光脚、布
风格：简约现代
颜色：黑灰

椅子

品牌：罗玛
型号：BC336-1
规格：48mm×58mm×82mm
市场价：1 276 元
材质：砂光不锈钢、皮革
风格：简约现代
颜色：红色

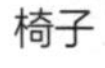

椅子

品牌：罗玛
型号：BC345
规格：520mm×680mm×970mm
市场价：1 240 元
材质：玫瑰金不锈钢脚、布
风格：现代新古典
颜色：灰白

椅子

品牌：罗玛
型号：DZ-3162
规格：510mm×690mm×1130mm
市场价：2 531 元
材质：牛皮、裂纹烤漆工艺
风格：欧式
颜色：黑色

椅子

品牌：罗玛
型号：BC350-1
规格：630mm × 660mm × 800mm
市场价：2 202 元
材质：鳄鱼纹仿皮、玫瑰金烤漆不锈钢
风格：欧式
颜色：黑色，金色

太师椅

品牌：罗玛
型号：HKC879
规格：650mm × 700mm × 760mm
市场价：1 895 元
材质：仿皮、不锈钢亮光工艺
风格：现代简约
颜色：黑色

椅子

品牌：罗玛
型号：BC351
规格：650mm × 630mm × 750mm
市场价：1 800 元
材质：鳄鱼纹仿皮、玫瑰金烤漆不锈钢
风格：欧式
颜色：黑色

吧椅

品牌：罗玛
型号：EC104
规格：480mm × 620mm × 760mm
市场价：1 534 元
材质：水曲柳
风格：北欧
颜色：原木色

圈椅

品牌：罗玛
型号：HE606
规格：660mm × 770mm × 1070mm
市场价：3 159 元
材质：水曲柳
风格：北欧
颜色：原木色

椅子

品牌：罗玛
型号：RS304
规格：960mm × 630mm × 700mm
市场价：2 909 元
材质：格子绒布
风格：现代
颜色：红色

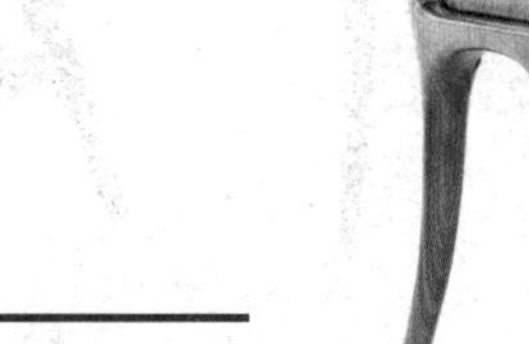

椅子

品牌：传世
型号：27 RAW_6085
规格：430mm × 530mm × 900mm
市场价：7 800 元
材质：黑胡桃木、皮革
风格：现代
产地：苏州
颜色：木色

椅子

品牌：罗玛
型号：SC113
规格：590mm × 550mm × 780mm
市场价：1 670 元
材质：水曲柳、纸绳
风格：北欧
颜色：原木色

椅子

品牌：传世
型号：30 0163
规格：580mm × 560mm × 810mm
市场价：16 320 元
材质：黑胡桃木、皮革
风格：现代
产地：苏州
颜色：木色

椅子

品牌：传世
型号：26 RAW_6062
规格：460mm × 520mm × 830mm
市场价：6 276 元
材质：黑胡桃木、皮革
风格：现代
产地：苏州
颜色：木色

椅子

品牌：传世
型号：29 DC-602
规格：410mm × 520mm × 890mm
市场价：4 800 元
材质：黑胡桃木、皮革
风格：现代
产地：苏州
颜色：木色

椅子

品牌：传世
型号：31 AC-606
规格：620mm × 550mm × 800mm
市场价：9 900 元
材质：黑胡桃木
风格：现代
产地：苏州
颜色：木色

椅子

品牌：传世
型号：32 AC-613
规格：920mm × 945mm × 1027mm
市场价：25 260 元
材质：黑胡桃木、皮革
风格：现代
产地：苏州
颜色：黑胡桃

椅子

品牌：传世
型号：25 AC-619
规格：600mm × 565mm × 830mm
市场价：12 800 元
材质：黑胡桃木、皮革
风格：现代
产地：苏州
颜色：木色

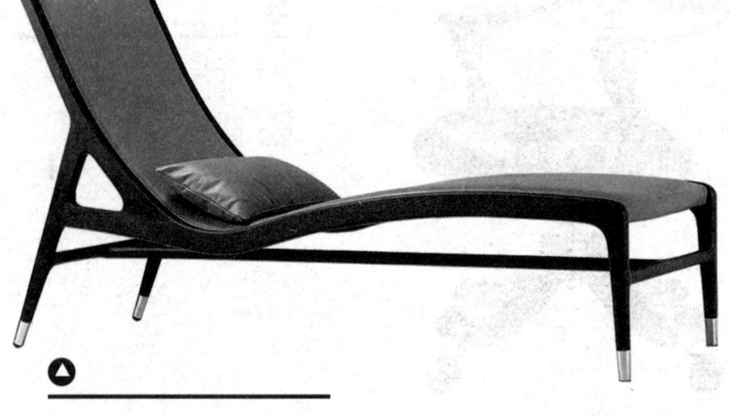

椅子

品牌：传世
型号：34 TY-6600
规格：600mm × 1570mm × 800mm
市场价：10 240 元
材质：黑胡桃木、皮革
风格：现代
产地：苏州
颜色：木色

椅子

品牌：传世
型号：28 RAW_6114
规格：510mm × 530mm × 880mm
市场价：8 680 元
材质：黑胡桃、皮革
风格：现代
产地：苏州
颜色：木色

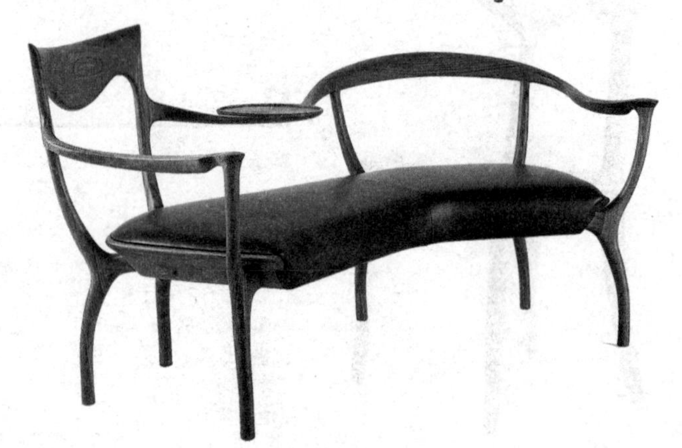

椅子

品牌：传世
型号：37 EC-617
规格：1650mm × 800mm × 820mm
市场价：44 780 元
材质：黑胡桃木、皮革
风格：现代
产地：苏州
颜色：木色

伦敦皮扶手椅

品牌：璐璐生活馆
型号：GIN01
规格：750mm×740mm×720mm
市场价：13 999 元

椅子

品牌：传世
型号：33 RAW_6149
规格：720mm×770mm×720mm
市场价：13 500 元
材质：黑胡桃木、皮革
风格：现代
产地：苏州
颜色：黑胡桃

椅子

品牌：传世
型号：41 AC-628
规格：590mm×600mm×800mm
市场价：10 980 元
材质：黑胡桃木、皮革
风格：现代
产地：苏州
颜色：木色

椅子

品牌：传世
型号：36 AC-616
规格：740mm×550mm×820mm
市场价：22 050 元
材质：黑胡桃木、皮革
风格：现代
产地：苏州
颜色：木色

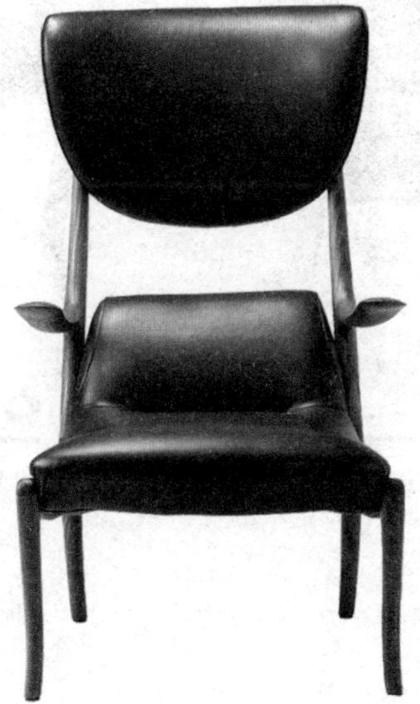

椅子

品牌：传世
型号：35 SC-615
规格：650mm×750mm×1090mm
市场价：17 550 元
材质：黑胡桃木、皮革
风格：现代
产地：苏州
颜色：木色

椅子

品牌：传世
型号：38 DC-610
规格：535mm×585mm×1100mm
市场价：8 450 元
材质：黑胡桃木、皮革
风格：现代
产地：苏州
颜色：黑胡桃

椅子

品牌：传世
型号：39 DC-H940
规格：430mm × 470mm × 940mm
市场价：8 500 元
材质：黑胡桃木、皮革
风格：现代
产地：苏州
颜色：木色

椅子

品牌：传世
型号：40 AC-620
规格：560mm × 550mm × 800mm
市场价：6 230 元
材质：黑胡桃木、皮革
风格：现代
产地：苏州
颜色：木色

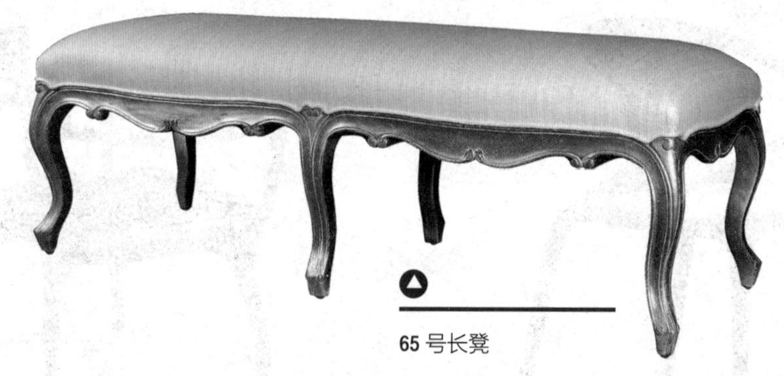

65 号长凳

品牌：璐璐生活馆
型号：CFC57
规格：1480mm × 530mm × 470mm
市场价：6 999 元

65 号椅

品牌：璐璐生活馆
型号：CFC114
规格：520mm × 630mm × 1140mm
市场价：4 199 元

65 号扶手椅

品牌：璐璐生活馆
型号：CFC107
规格：700mm × 750mm × 950mm
市场价：11 999 元

65 号威尼斯太师椅

品牌：璐璐生活馆
型号：CFC36
规格：630mm × 570mm × 990mm
市场价：6 199 元

几何转椅

品牌：香伯廷海派
型号：1013
规格：790mm×750mm×830mm
市场价：17 500 元
材质：深木色七分光/黑色高光漆/软包 RS-008，正面钩边 RS-008/外围软包宽条纹面料，外围钩边 SD-5-R003
风格：欧式新古典
设计说明：这款转椅上半部分以非常规几何图形为基本构造，软包和深木色框架配合得天衣无缝，圆形椅支撑给人以力量感，完美对应座椅上部分的厚重感。

绿色餐椅

品牌：香伯廷海派
型号：B（3）
规格：500mm×500mm×950mm
市场价：定制产品
材质：软包、木材
风格：欧式新古典
设计说明：颜色较有扶手款更鲜亮一些，同样是皮质面料，显得柔软舒适

卷曲纹椅

品牌：香伯廷海派
型号：1039
规格：590mm×714mm×1050mm
市场价：6 500 元
材质：木材、抛光漆
风格：欧式新古典
设计说明：卷曲纹图案作为椅子靠背，第一时间吸引了人的眼球，淡金色色调高贵，彰显品牌格调。

有扶手餐椅

品牌：香伯廷海派
型号：B（2）
规格：550mm×500mm×1000mm
市场价：定制产品
材质：黑色高光漆、71282 号深绿色振静皮、玫瑰金不锈钢套筒、玫瑰金泡钉
风格：欧式新古典
设计说明：深绿色富有怀旧气息，加上铆钉元素装饰了椅边，椅子变得复古帅气。

蝴蝶座椅

品牌：香伯廷海派
型号：1042
规格：590mm×714mm×1050mm
市场价：6 500 元
材质：木雕花、布艺
风格：欧式新古典
设计说明：蝴蝶造型的座椅靠背极具艺术格调，木雕花材质与浅色布艺的结合更显天衣无缝。

66 号扶手椅

品牌：璐璐生活馆
型号：CFC127
规格：710mm×800mm×1040mm
市场价：11 999 元

酷跑椅

品牌：璐璐生活馆
型号：CFC134
规格：550mm×610mm×1040mm
市场价：2 999 元

紫色梳妆凳

品牌：香伯廷海派
型号：B (14)
规格：500mm×500mm×620mm
市场价：定制产品
材质：皮革
风格：欧式新古典
设计说明：紫色成熟高雅，此款梳妆凳无论颜色还是造型都能与其他颜色的梳妆台百搭，并相得益彰。

优雅脚凳

品牌：香伯廷海派
型号：B (13)
规格：650mm×800mm×650mm
市场价：定制产品
材质：布艺
风格：欧式新古典
设计说明：脚凳主体由黑白紫三色组合而成，给人沉稳低调的感觉，又不失品位与审美。

复古皮转椅

品牌：香伯廷海派
型号：A（3）
规格：600mm×732mm×1035mm
市场价：定制产品
材质：皮革
风格：欧式新古典
设计说明：精美的皮质可以看出转椅优良的做工，可以升降的高度与滚轮展示了人性化的设计。

粉色皮椅

品牌：香伯廷海派
型号：A（8）
规格：730mm×756mm893mm
市场价：定制产品
材质：皮革
风格：欧式新古典
设计说明：皮椅色彩别致，使用犹如珍珠般光彩的粉色，为沉重的质地增加了一份轻盈的质感。

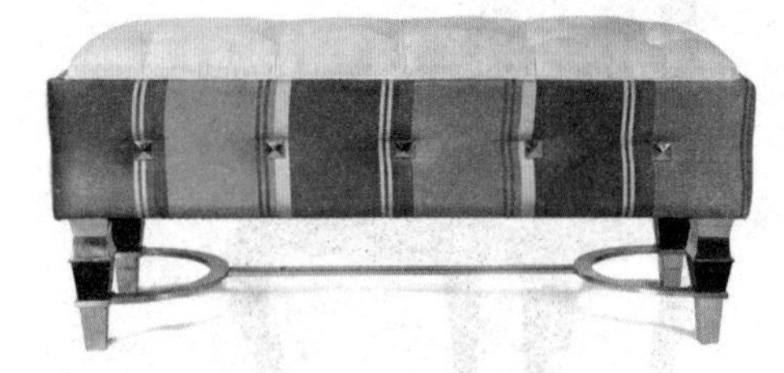

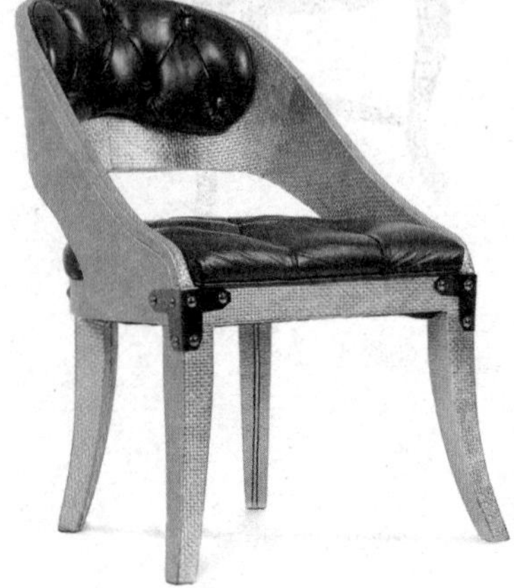

休闲餐椅

品牌：香伯廷海派
型号：A（3）
规格：650mm×650mm×820mm
市场价：定制产品

材质：软包、木材
风格：欧式新古典
设计说明：厚实的皮制靠背与坐垫，搭配上编织纹路的餐椅身，显示出主人独特的品味与生活品质。

多功能脚凳

品牌：香伯廷海派
型号：A（4）
规格：650mm×800mm×650mm
市场价：定制产品
材质：布艺
风格：欧式新古典
设计说明：脚凳色彩鲜艳，能够提升空间的亮度，给居家环境带来温馨暖意，自成一道别致的风景线，做工也很精美，凳脚连接处的H标志低调地展现着自己的价值。

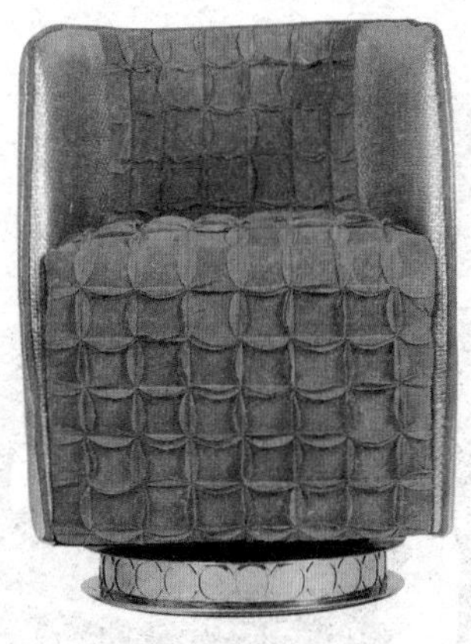

中班椅

品牌：香伯廷海派
型号：1008
规格：600mm×732mm×1035mm
市场价：定制产品
材质：靠背、坐垫 RS-008、后背香槟金泡钉收口，内垫海绵银色线缝 50mm×50mm 方格
设计说明：采用香槟金泡钉作为沙发椅收口，彰显高贵大气，抛光材质令柔软沙发椅更加闪亮非凡。

梦幻公主椅

品牌：香伯廷海派
型号：1002
规格：540mm×620mm×750mm
市场价：定制产品
材质：扶手和外围用 ES-315、坐垫和靠背粉色双面面料（带点金色质感）、粉色面料滚边、脚部用不锈钢线切割电镀香槟金
风格：欧式新古典
设计说明：极其少女化的粉红色花边作为坐垫与靠背，金色质感的材料点缀了靠背扶手，香槟金色作为脚部，全身上下都散发着浓浓的梦幻气息。

小圆墩

品牌：香伯廷海派
型号：1009
规格：480mm×630mm
市场价：定制产品
材质：木材、布垫
设计说明：这个小圆墩既可以作为座椅，又可以作为置物柜，蓝色和黑色的组合时尚大气。

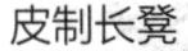

皮制长凳

品牌：蓦然回首
型号：40000347
规格：600mm×480mm×435mm
市场价：2 898 元
材质：皮革
产地：福建

梦境渲染·椅

品牌：香伯廷海派
型号：1010
规格：600mm×732mm×1035mm
市场价：定制产品
材质：金属、绒布
设计说明：以渲染力强的宝蓝色绒布作为沙发靠背和坐垫已足够高贵，设计师却进一步在扶手后背加上黑与金结合的几何色块，金色椅脚承托上部，整张沙发椅像是一个被渲染了的梦境般的唯美存在。

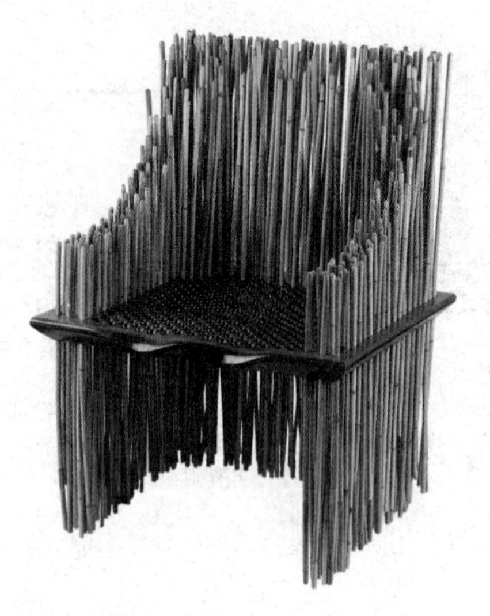

柚木家具

品牌：蓦然回首
型号：81000011
规格：350mm × 240mm × 200mm
市场价：8 800 元
材质：柚木
产地：印度尼西亚

座椅

品牌：蓦然回首
型号：81000017
规格：670mm × 600mm × 940mm
市场价：9 688 元
材质：毛竹
产地：菲律宾

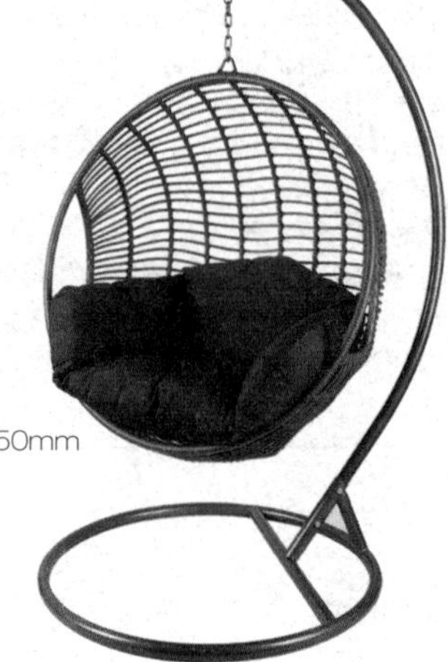

藤编挂椅

品牌：蓦然回首
型号：41000014
规格：1200mm × 1060mm × 1850mm
市场价：2 950 元
材质：藤、铁
产地：安徽

椅子

品牌：蓦然回首
型号：420000592
规格：440mm × 420mm
市场价：4 118 元
材质：铁、实木
产地：福建

藤编挂椅

品牌：蓦然回首
型号：41000015
规格：1200mm × 1060mm × 1850mm
市场价：3 250 元
材质：藤、铁
产地：安徽

凳子

品牌：蓦然回首
型号：42000035A
规格：740mm × 340mm
市场价：1 788 元
材质：铁艺
产地：浙江

梵花·单人椅

品牌：观塘景致有限公司
型号：AC5550A10RAT
规格：940mm×860mm×1050mm×335mm
市场价：20 800 元
材质：高密度聚乙烯藤
风格：新中式
设计说明：设计灵感源自一树梵花的纷繁动人，米字编花形纹理的精致与加 L 靠背的私密性，呈现出大气、高贵的现代都市时尚气息，深藏于高高的椅背内，使人如同置身于自然的怀抱。

梵花·脚踏

品牌：观塘景致有限公司
型号：AC5550N25RAT
规格：745mm×655mm×435mm
市场价：4 660 元
材质：高密度聚乙烯藤
风格：新中式

梵花·双人椅

品牌：观塘景致有限公司
型号：AC5550A11RAT
规格：157.50mm×860mm×1050mm×33.50mm
市场价：31 000 元
材质：高密度聚乙烯藤
风格：新中式
设计说明：“梵花”系列双人沙发，独特的高靠背设计保证了相对的私密性，在欣赏美景的同时，更遮挡了刺眼的阳光。新型的米字花型编法，特别注重编织工艺和手法，繁复而有序。

古韵·四座·A 款桌椅

品牌：观塘景致有限公司
型号：AC5543A01RAT·A27GLA
规格：1650mm x 750mm（台面 Φ1200mm）
市场价：48 800 元
材质：高密度聚乙烯藤
风格：新中式
设计说明："古韵"四座系列，单人坐椅玲珑别致、弧面切割精准到位。桌脚设计沿用明式家具中对角十字撑的经典造型，桌脚弧线包边设计，弧度转角编织细腻、线条流畅、一气呵成，给人以空而不虚，实而不滞的艺术美感。

古韵·对座·桌椅

品牌：观塘景致有限公司
型号：AC5543N05RAT·N27GLA
规格：1650mm x 820mm（台面 Φ1200mm）
市场价：38 800 元
材质：高密度聚乙烯藤
风格：新中式
设计说明："古韵"系列意境古朴悠长，设计灵感源于中国传统打击乐器"鼓"，收拢是一个完整的鼓台形象，圆润丰满，展开则是两张玲珑精致的坐椅，轻巧而不占空间，魔术般的组合设计使其无论在使用、闲置状态，都不失为一件精美的艺术品。

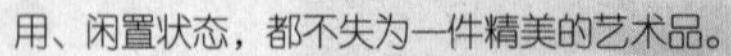

明·空转角扶手榻

品牌：观塘景致有限公司
型号：AS5828A89RAT
规格：770mm×2030mm×670mm
市场价：13 000元
材质：高密度聚乙烯藤
风格：新中式
设计说明：设计灵感源于明清家具。没有复杂的装饰与繁复的结构，细微之美来自东方传统文化中的禅意元素。搭配白色坐垫，让人体味一种闲坐庭前、静看云卷云舒的悠然意境。封闭式圈椅设计，扶手不出头而与鹅脖相接略向外撇，靠背与扶手曲线设计柔和婉转，根据身体倚靠的角度适度倾斜，舒适身体坐姿。人字型编织使每一条编织线精准对称，工整精致。

明·茶几圈椅

品牌：观塘景致有限公司
型号：AC5544N11RAT
规格：1530mm×780mm×700mm
市场价：12 000元
材质：高密度聚乙烯藤
风格：新中式

高背椅

品牌：和信慧和家具
型号：MT-12
规格：700mm×600mm×1520mm
市场价：3 500 元
材质：水曲柳
设计说明：高背椅由天然水曲柳制作，年轮明显但不均匀，木质结构粗，纹理直，花纹美丽，有光泽，硬度较大。

高背椅（分左扶手、右扶手）

品牌：和信慧和家具
型号：MT-07
规格：630mm×500mm×1830mm
市场价：1 900 元
材质：水曲柳
设计说明：中式高背椅古典优雅，分为左扶手和右扶手，可单独摆放也可放置在一起，造型别致，使用水曲柳材质制作，坚韧、富有弹性、纹理清晰美观。

单椅

品牌：和信慧和家具
型号：MT-20
规格：630mm×600mm×1180mm
市场价：5 600 元
材质：水曲柳
设计说明：水曲柳质地的中式单椅，造型简单百搭，漆上银色漆后掩盖了材料本来的纹理轮廓，但不遮掩中式气息。

高背椅

品牌：和信慧和家具
型号：MT-14
规格：680mm×550mm×1660mm
市场价：1 930 元
材质：水曲柳
设计说明：中式高背椅古典优雅，使用材质坚韧的水曲柳制作，纹理美丽，浓郁的中式风格表露无遗。

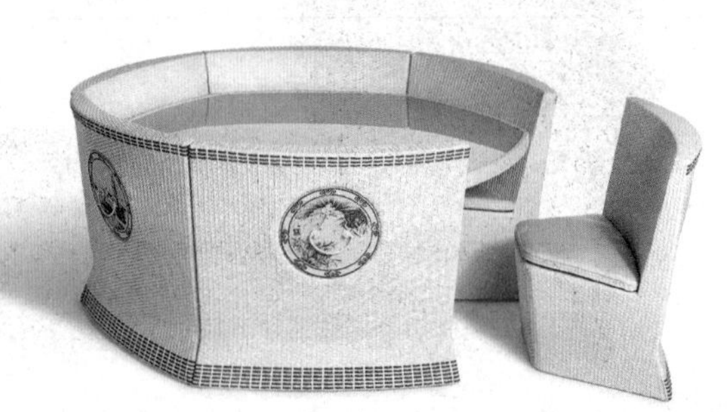

青花瓷 - 婉·餐桌椅

品牌：观塘景致有限公司
型号：AC5552N01RAT·N27GLA
规格：1750mm×750mm（台面 Φ1700mm）（椅子规格 100mm×67.50mm×910mm×41.50mm）
市场价：63 000 元
材质：高密度聚乙烯藤
风格：新中式
设计说明：“青花瓷 - 婉”合拢后是一只青花碗的造型，别致典雅，坐椅与坐椅间完全紧凑衔接，蓝色“碗”边编织线条成直线转折，工艺精细到位；打开后犹如一块块分解的碗片，整体设计细致温婉，品味经典。

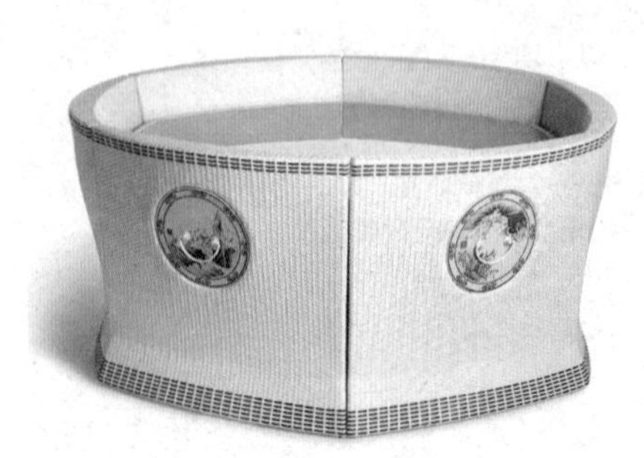

丝竹·三人椅

品牌：观塘景致有限公司
型号：AC5550N12RAT
规格：181.50mm×720mm×710mm×340mm
市场价：26 650 元
材质：高密度聚乙烯藤
风格：新中式

丝竹·单人椅

品牌：观塘景致有限公司
型号：AC5550N10RAT
规格：780mm×720mm×710mm×340mm
市场价：11 830 元
材质：高密度聚乙烯藤
风格：新中式
设计说明：设计灵感源自唐朝丝竹乐器，丝弦的细腻轻盈与竹管的质朴自然交相辉映，呈现出全新的当代气质。如琴弦拨动，轻响起一曲曲丝竹婉音。“丝竹”单人椅以传统矮圈椅的造型设计为基础，圈背连着扶手成 S 形曲线，是根据人体扶手的曲线形成的斜度进行造型，体态圆婉优美，丰满古朴。

丝竹·角几

品牌：观塘景致有限公司
型号：AT5550N24GLA
规格：510mm×510mm×460mm
市场价：5 460 元
材质：高密度聚乙烯藤
风格：新中式

丝竹·双人椅

品牌：观塘景致有限公司
型号：AC5550N11RAT
规格：1380mm×720mm×710mm×340mm
市场价：19 500 元
材质：高密度聚乙烯藤
风格：新中式

沙发

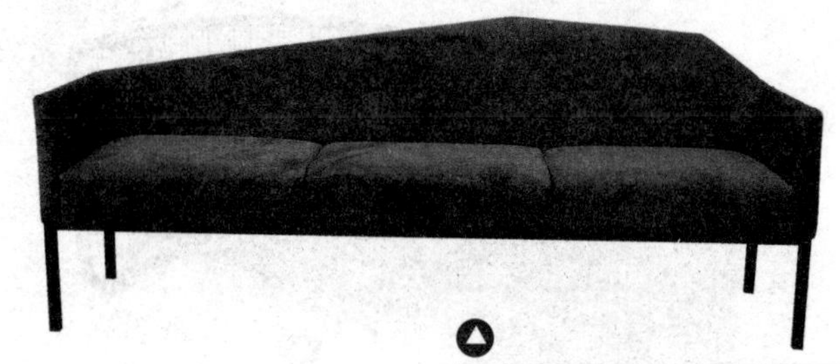

Cube 单人沙发

型号：FU-S-C1B
规格：700mm × 700mm × 680mm
市场价：6 800 元
材质：木质、面料、铆钉
风格：现代
设计说明：金属片花纹的亮色让简洁不简单。

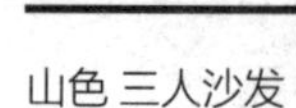

山色 三人沙发

品牌：YAANG Design Ltd.
型号：Y-SOFA-SSG01
规格：2250mm × 600mm × 880mm
市场价：6 800 元
材质：木质、丝绒
风格：现代
设计说明：山势有态，铺陈于现代居室之间的东方山色之美。

沙发

品牌：青木堂
型号：RJ21-250-443
规格：980mm × 900mm × 860mm
市场价：15 600 元
材质：花梨木
风格：现代东方
设计说明：水平与垂直的简单构成，阐述了深刻的天地有序的道理。单纯却韵味十足的扶手与背靠端部翘曲线条，所围合而出的空间，除承托了人，亦用以表现器物的生命力，展现天地的活力。

Valley 三人沙发

品牌：Harbor House
型号：1015610202
规格：L2220mm × W930mm × H850mm
市场价：8 980 元
材质：松木、环保人造板、海绵、全涤平绒布
风格：美式休闲

Watson 三人沙发

品牌：帝瑞斯特
型号：沃特森三人位条红
规格：950mm × 2310mm × 1030mm
市场价：115 950 元
材质：提花织布

Rwctory 凳

品牌：帝瑞斯特
型号：脚踏（条红）
规格：420mm × 1480mm × 680mm
市场价：28 910 元
材质：提花织布

Watson 双人沙发

品牌：帝瑞斯特
型号：沃特森两人位
规格：950mm × 1920mm × 1030mm
市场价：108 670 元
材质：提花织布

Holmes 双人沙发

品牌：帝瑞斯特
型号：福尔摩斯两人位
规格：990mm × 1920mm × 1030mm
市场价：108 670 元
材质：织物
设计说明：夏洛克·福尔摩斯是英国著名侦探小说家亚瑟·柯南·道尔笔下一位极具鲜活灵魂的代表性人物，柯南·道尔一生 60 多篇侦探小说中几乎全部是以福尔摩斯为主角。“真实如钢，耿直如剑”是柯南道尔爵士的墓志铭，也是福尔摩斯被他赋予的主要灵魂，而这一至理箴言同样也是 Duresta 所推崇的，于是 Duresta 将这款沙发以此命名，是对沙发品质真诚的肯定，也是对英国这位历史上有着纯粹信仰的爵士的敬意。

New plantation 托盘凳

品牌：蒂瑞斯特
型号：新田园系列（条）脚踏
规格：380mm × 1300mm × 800mm
市场价：31 270 元
材质：天鹅绒

Watson 豪华沙发

品牌：蒂瑞斯特
型号：沃特森三人位
规格：950mm × 2460mm × 1030mm
市场价：156 150 元
材质：提花织布

Holmes 豪华沙发

品牌：蒂瑞斯特
型号：福尔摩斯三人位
规格：990mm × 2460mm × 1030mm
市场价：156 150 元
材质：提花织布

Holmes/watson 沙发

品牌：蒂瑞斯特
型号：福尔摩斯单人位条红
规格：990mm × 1080mm × 1030mm
市场价：62 618 元
材质：提花织布

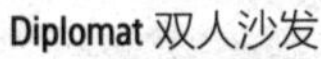

Diplomat 双人沙发

品牌：蒂瑞斯特
型号：帝皮乐提门两人位
规格：940mm × 1910mm × 1150mm
市场价：123 800 元
材质：提花织布

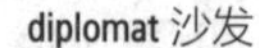

diplomat 沙发

品牌：帝瑞斯特
型号：帝皮乐提门黑花单人位
规格：940mm×910mm×1030mm
市场价：57 760 元
材质：雪尼尔

设计说明："帝皮乐提门"代表着睿智、长袖善舞的外交官，优雅中隐现着神秘色彩，灵感自英国著名的外交官威廉·皮特·阿美士德，他在1773年1月14日生于英格兰索美塞得郡的巴斯，早年入读牛津大学基督教堂学院。阿美士德的叔父杰富利·阿美士德勋爵是著名的英国陆军将领，曾任维吉尼亚和英属北美洲总督等职，受到叔父的影响，阿美士德很早就对外交事务产生浓厚兴趣。他曾于1816年代表英国率团访华，之后更在世界各国留下光辉足迹，并长期担任宫廷侍臣，其非凡的交际与智慧的应变在英国颇受推崇。Duresta将阿美士德的魅力元素注入其沙发的设计，尊贵与大气彰显一体；沙发边缘的流苏最初源自古时骑士服装，再增加别出心裁的视觉美感的同时，油然而生一种礼让绅士的风度。

Sarah 单人沙发

品牌：Harbor House
型号：1051134031
规格：L856mm×W905mm×H1090mm
市场价：5 980 元
材质：松木、环保人造板、海绵、条纹布
风格：美式休闲

New plantation 沙发

品牌：蒂瑞斯特
型号：新田园系列（条）单人位
规格：940mm×980mm×1100mm
市场价：65 760 元
材质：天鹅绒

New Plantation 紧凑型沙发

品牌：帝瑞斯特
型号：新田园系列皮质三人位
规格：920mm×2020mm×1340mm
市场价：192 000 元
材质：真皮（牛皮）

New planttation 阅读沙发

品牌：帝瑞斯特
型号：新田园系列读书沙发
规格：940mm×1230mm×1100mm
市场价：85 520 元
材质：提花织布

Diplomat 双人沙发

品牌：帝瑞斯特
型号：帝皮乐提门黑花两人位
规格：940mm×1910mm×1150mm
市场价：117 440 元
材质：雪尼尔

New plantatin 凳

品牌：帝瑞斯特
型号：新田园系列皮质脚踏
规格：460mm × 1020mm × 1020mm
市场价：32 017 元
材质：真皮（牛皮）

Diplomat 三人沙发

品牌：帝瑞斯特
型号：帝皮乐提门三人位
规格：940mm × 2360mm × 1150mm
市场价：130 020 元
材质：提花织布

Horatio 凳

品牌：帝瑞斯特
型号：霍雷肖脚踏
规格：520mm × 1200mm × 850mm
市场价：45 680 元
材质：提花织布

New plantation 中型沙发

品牌：帝瑞斯特
型号：新田园系列两人位
规格：940mm × 2000mm × 1180mm
市场价：137 300 元
材质：天鹅绒

Emma 躺椅

品牌：蒂瑞斯特
型号：爱玛躺椅
规格：760mm × 1870mm × 850mm
市场价：64 120 元
材质：提花织布

New plantation 箱式凳

品牌：帝瑞斯特
型号：新田园系列脚踏（储存箱）
规格：360mm × 750mm × 540mm
市场价：29 560 元
材质：天鹅绒

Emma 沙发

品牌：帝瑞斯特
型号：爱玛单人位
规格：960mm × 820mm × 950mm
市场价：52 760 元
材质：提花织布

Sunday 女士沙发

品牌：帝瑞斯特
型号：康诺特女士单人位
规格：980mm × 890mm × 920mm
市场价：60 475 元
材质：提花织布

Sasha 沙发

品牌：蒂瑞斯特
型号：萨沙单人位（茶杯图案）
规格：970mm × 890mm × 940mm
市场价：52 040 元
材质：提花织布

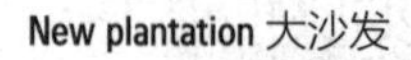

New plantation 大沙发

品牌：帝瑞斯特
型号：新田园系列三人位
规格：940mm × 2420mm × 1180mm
市场价：149 940 元
材质：天鹅绒

Trafalgar 三人沙发

品牌：蒂瑞斯特
型号：特拉法加三人位（黑条）
规格：930mm × 2230mm × 1090mm
市场价：166 430 元
材质：天鹅绒

Villeneuve 大沙发

品牌：帝瑞斯特
型号：维伦纽夫三人位
规格：890mm × 2020mm × 980mm
市场价：126 660 元
材质：天鹅绒

Hardy 凳

品牌：帝瑞斯特
型号：爱玛系列脚踏
规格：520mm × 800mm × 500mm
市场价：40 480 元
材质：提花织布

Sasha 大沙发

品牌：帝瑞斯特
型号：萨沙两人位（茶杯图案）
规格：970mm × 2100mm × 940mm
市场价：104 000 元
材质：提花织布

Trafalgar 双人沙发

品牌：帝瑞斯特
型号：特拉法加（黑花）两人位
规格：930mm × 1840mm × 1090mm
市场价：162 720 元
材质：天鹅绒

Trafalgar 双人沙发

品牌：帝瑞斯特
型号：特拉法加（黑花）两人位（靠垫款）
规格：930mm × 1840mm × 1090mm
市场价：162 720 元
材质：天鹅绒

Lansdowne 三人沙发

品牌：帝瑞斯特
型号：兰斯顿三人位
规格：900mm × 2090mm × 1070mm
市场价：108 800 元
材质：提花织布

设计说明：兰斯顿学院坐落在伦敦市中心，是伦敦最好的私立高等延续教育学院之一。它坐落于安静的学院路上，步行至海德公园和肯新顿花园仅需几分钟。Dureta 以书卷气息为设计理念，设计了这一系列沙发。将低调朴素的格纹设计在安静的 reading chair 上，非常典型的学院风格。

Lansdowne 阅读椅

品牌：蒂瑞斯特
型号：兰斯顿读书沙发
规格：900mm × 1100mm × 1070mm
市场价：83 040 元
材质：提花织布

Ottoman 凳

品牌：帝瑞斯特
型号：谷波脚踏
规格：410mm × 1150mm × 800mm
市场价：32 400 元
材质：提花织布

Lansdowne 双人沙发

品牌：帝瑞斯特
型号：兰斯顿两人位
规格：900mm × 1760mm × 1070mm
市场价：106 760 元
材质：提花织布

Sasha 中型沙发

品牌：帝瑞斯特
型号：萨沙两人位沙发（蓝）
规格：970mm × 1900mm × 940mm
市场价：92 960 元
材质：提花织布

Sasha 小沙发

品牌：蒂瑞斯特
型号：萨沙两人位沙发（红）
规格：970mm × 1530mm × 940mm
市场价：91 080 元
材质：提花织布

Astoria 单人沙发

品牌：帝瑞斯特
型号：沃尔多夫单人位（阿斯托利亚）
规格：1000mm × 1110mm × 1010mm
市场价：60 180 元
材质：天鹅绒

Sasha 凳

品牌：帝瑞斯特
型号：萨沙脚踏
规格：460mm × 930mm × 680mm
市场价：36 040 元
材质：提花织布

Waldorf 三人沙发

品牌：帝瑞斯特
型号：沃尔多夫三人位（金）
规格：1000mm × 2280mm × 980mm
市场价：99 880 元
材质：天鹅绒

Sasha 大沙发

品牌：帝瑞斯特
型号：萨沙单人位
规格：920mm × 1200mm × 1040mm
市场价：66 120 元
材质：提花织布

Waldorf 双人沙发

品牌：帝瑞斯特
型号：沃尔多夫两人位（条）
规格：1000mm × 2090mm × 980mm
市场价：109 310 元
材质：天鹅绒

Waldorf 单人沙发

品牌：蒂瑞斯特
型号：沃尔多夫单人位（花）
规格：1000mm × 1110mm × 1010mm
市场价：60 190 元
材质：天鹅绒

Waldorf 双人沙发

品牌：帝瑞斯特
型号：沃尔多夫两人位（金）
规格：1000mm × 1680mm × 980mm
市场价：88 840 元
材质：天鹅绒

设计说明：Spitfire 顾名思义为赤焰，当年为了应付现代化的德国空军日益严重的威胁，英国航空部需要一种新型的截击机。当时，皇家空军最快的截击机时速在 350 公里左右，而为了拦截德国正在研制的新型飞机，截击机的时速至少要达到 480 公里。“spitfire”的诞生就源于此。Duresta 设计出这款大气且颜色浓郁的沙发，简洁、优雅的反映了英国人的才智和不屈不挠的精神。

Spitfire 三人沙发

品牌：帝瑞斯特
型号：赤焰三人位（棕红皮）
规格：960mm × 2250mm × 1020mm
市场价：183 586 元
材质：真皮

Spitfire 沙发

品牌：蒂瑞斯特
型号：赤焰单人位
规格：960mm × 1030mm × 1020mm
市场价：97 141 元
材质：真皮

Spitfire 双人沙发

品牌：帝瑞斯特
型号：赤焰两人位（棕红皮）
规格：960mm × 1980mm × 1020mm
市场价：163 139 元
材质：真皮

Spitfire 凳

品牌：帝瑞斯特
型号：赤焰脚踏
规格：450mm × 620mm × 690mm
市场价：32 017 元
材质：真皮

Sunday 绅士椅

品牌：蒂瑞斯特
型号：康诺特绅士单人位（皮）
规格：980mm × 940mm × 1020mm
市场价：85 890 元
材质：真皮

Portsmouth 大沙发

品牌：帝瑞斯特
型号：朴茨茅斯两人位
规格：1000mm×2420mm×1070mm
市场价：142 230 元
材质：提花织布

Portsmouth 沙发

品牌：蒂瑞斯特
型号：朴茨茅斯单人位（花）
规格：1000mm×1000mm×1070mm
市场价：63 690 元
材质：提花织布

设计说明：朴次茅斯是英格兰西南端的一座港口城市，位于伦敦西南 70 英里。1415 年，英王亨利五世在此创建海军时，朴次茅斯还只不过是个小港口，但此后经过不断扩建，朴次茅斯成为英国海军基地和造船所。几个世纪以来，一直以其英国皇家海军港口的地位而闻名。二战时敦刻尔克大撤退中，盟军部队主要撤退到这里，而这里后来亦成为盟军策划诺曼底战役的地点。其坚守的意义被 Duresta 赋予在沙发中，这款沙发高靠背的设计仿佛就是朴茨茅斯作为天然屏障在坚守着国土和信仰。

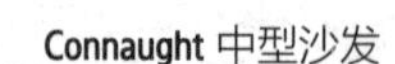

Connaught 中型沙发

品牌：帝瑞斯特
型号：康诺特两人位
规格：850mm×2290mm×1240mm
市场价：123 020 元
材质：提花织布

Garrick 双人沙发

品牌：帝瑞斯特
型号：加里克两人位（皮）
规格：920mm×1980mm×1020mm
市场价：131 000 元
材质：真皮

Garrick 双人沙发

品牌：帝瑞斯特
型号：加里克两人位（宽，皮）
规格：920mm×2110mm×1020mm
市场价：153 000 元
材质：真皮

Portsmouth 中型沙发

品牌：帝瑞斯特
型号：朴茨茅斯两人位（条）
规格：1000mm×1780mm×1070mm
市场价：111 310 元
材质：提花织布

Garrick 沙发

品牌：蒂瑞斯特
型号：加里克单人位
规格：920mm×1080mm×1020mm
市场价：84 000 元
材质：真皮

Square 真皮沙发

品牌：帝瑞斯特
型号：方皮质小沙发
规格：450mm×830mm×830mm
市场价：32 017 元
材质：真皮

设计说明：威廉·加里克是英国著名画家、版画家、讽刺画家和欧洲连环漫画的先驱。他的肖像画非常优秀，生动而不呆板，画中人物衣着色彩有别，形成冷暖和明暗对比，各显其个性，画作更是包含诸多情趣，令欣赏者回味无穷。Duresta 将加里克的特有品质运用在沙发设计中，令这款真皮沙发极具鲜活，而舒适的坐感又给人意犹未尽之感。

Amelia 中型沙发

品牌：帝瑞斯特
型号：阿米莉亚两人位（印花蓝）
规格：920mm×1700mm×1080mm
市场价：113 668 元
材质：印花

Amelias 沙发

品牌：帝瑞斯特
型号：阿米莉亚单人位（蓝）
规格：920mm×870mm×1080mm
市场价：61 975 元
材质：提花织布

Amelia 阅读椅

品牌：蒂瑞斯特
型号：阿米莉亚读书沙发
规格：920mm×1110mm×1080mm
市场价：80 540 元
材质：印花

设计说明：英国著名画家 Amelia Jane Murray（1800—1896）以创作仙子类的幻想题材绘画出名。她从 1820 年开始画仙子与精灵。她的精灵温柔恬静，是乖巧的英国乡村田野的精灵。帝瑞斯特设计师通过 Amelia 的画作这一灵感设计了“amelia”这套沙发作品。作品中运用大量柔和的色调，浅蓝和天鹅绒的搭配，突出英国乡村的柔美恬静，更有精灵般梦幻的美感。愿拥有者，都能在帝瑞斯特的沙发上拥有一个美丽的梦。

Amelia 凳

品牌：帝瑞斯特
型号：阿米莉亚脚踏
规格：460mm×930mm×680mm
市场价：34 915 元
材质：提花织布

Amelia grand 双人沙发

型号：阿米莉亚两人位（靠垫款宽）
规格：920mm×2080mm×1080mm
市场价：153 367 元
材质：天鹅绒

Connaught 凳

品牌：帝瑞斯特
型号：康诺特脚踏
规格：480mm×1190mm×840mm
市场价：31 416 元
材质：提花织布

Hepburn 沙发

品牌：帝瑞斯特
型号：赫本青绿单人位
规格：920mm × 930mm × 990mm
市场价：83 900 元
材质：天鹅绒
设计说明：奥黛丽·赫本是英国著名影星和舞台剧女演员、奥斯卡影后，世人敬仰她为“人间天使”。身为好莱坞黄金时期最著名的女星之一，她以高雅的气质与有品味的穿着著称。Duresta 这一系列的设计就如同赫本一样高贵而优雅，她的美丽永恒不变。赫本身上呈现的那些品质，高贵、优雅与礼仪都完美展现在 duresta 的设计里。

Panther 沙发

品牌：帝瑞斯特
型号：黑豹单人位
规格：890mm × 960mm × 1100mm
市场价：97 141 元
材质：真皮

Panther 双人沙发

品牌：帝瑞斯特
型号：黑豹两人位（宽）
规格：890mm × 2130mm × 1100mm
市场价：207 380 元
材质：真皮

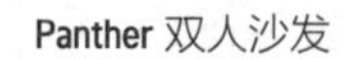

Panther 双人沙发

品牌：蒂瑞斯特
型号：黑豹两人位
规格：890mm × 1850mm × 1100mm
市场价：163 139 元
材质：真皮

沙发

品牌：深圳异象名家居
型号：JJ013
规格：1360mm × 590mm × 1050mm
市场价：21 333 元
材质：实木、真皮
设计说明：黑豹的时尚给每一位追求时尚的人们一个期许，设计师们通过反复的设计，将手工与材质在古典与现代完美的平衡和时尚中寻找契合点。黑豹的设计更多的是给那些机敏、睿智、热衷社会活动的人群。该沙发追求都市情节，糅合了时尚、精致、简洁中性化的设计风格。冷峻的线条不失变化和活力。这是成熟人群的品味象征。

Ruskin 小沙发

品牌：帝瑞斯特
型号：罗斯金沙画两人位
规格：960mm × 1800mm × 1000mm
市场价：82 680 元
材质：提花织布

藤艺沙发

品牌：清境家具
型号：JU-002
规格：950mm × 750mm × 760mm
市场价：10 400 元
材质：印尼藤条
风格：新中式

Ruskin 中型沙发

品牌：帝瑞斯特
型号：罗斯金沙画三人位
规格：960mm × 2100mm × 1000mm
市场价：88 036 元
材质：提花织布

Ruskin 箱式凳

品牌：帝瑞斯特
型号：罗斯金脚踏（盒）
规格：360mm × 750mm × 540mm
市场价：25 775 元
材质：提花织布

Ruskin 沙发

品牌：罗斯金单人位
型号：阿米莉亚读书沙发
规格：960mm × 920mm × 980mm
市场价：46 695 元
材质：提花织布

双人沙发

品牌：和信慧和家具
型号：MT-04
规格：2000mm × 800mm × 900mm
市场价：7 200 元
材质：水曲柳
设计说明：水曲柳材质的中式沙发，造型复古，表面打磨十分光滑，金边描绘十分富贵，底座稳健，中式风格明显。

清·双人沙发

品牌：观塘景致有限公司
型号：ZT5200NO2RAT
规格：1530mm×800mm×680mm
市场价：9 800 元
材质：高密度聚乙烯藤
风格：新中式
设计说明："清"系列，以简洁的线条融合严谨的结构，蕴含着"大巧若拙"的文人气质，一念一清净，静品红尘三千。质朴、理智的线条使原本易于滞重的器物，以镂空形态融合于无形。大象无形，只一个虚实，便留下了永久珍贵轮廓简练舒展，前足略高，后足略矮，使身体自然后倾，椅背弧线形编织，增加倚靠的舒适性。

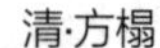

清·方榻

品牌：观塘景致有限公司
型号：ZT5200NO3RAT
规格：750mm×750mm×400mm
市场价：4 500 元
材质：高密度聚乙烯藤
风格：新中式

单人沙发

品牌：和信慧和家具
型号：MT-23
规格：800mm×780mm×720mm
市场价：1 950 元
材质：水曲柳
设计说明：水曲柳材质的中式单人沙发搭配颜色绚丽的软包，造型独特，可单独放置也可以两把放在一起。

三人沙发

品牌：和信慧和家具
型号：MT-25
规格：2200mm×850mm×1150mm
市场价：7 600 元
材质：水曲柳
设计说明：水曲柳材质中式沙发搭配颜色绚丽的软包，中式风格可百搭，舒适性极好。

双人沙发

品牌：和信慧和家具
型号：MT-22
规格：2540mm×780mm×720mm
市场价：7 200 元
材质：水曲柳
设计说明：水曲柳材质中式沙发搭配颜色绚丽的软包，造型独特、美观舒适耐用，将中式典雅的淳厚质感，细腻自然的表现出来。

Belvedere 双人沙发

品牌：帝瑞斯特
型号：贝尔维蒂 两人位
规格：960mm × 1860mm × 1070mm
市场价：99 745 元
材质：提花织布

Belvedere 绅士沙发

品牌：帝瑞斯特
型号：贝尔维蒂绅士单人位
规格：960mm × 970mm × 1080mm
市场价：55 335 元
材质：雪尼尔

Harrington 凳

品牌：帝瑞斯特
型号：哈林顿脚踏
规格：410mm × 620mm × 520mm
市场价：21 920 元
材质：天鹅绒

Harrington 箱式凳

品牌：帝瑞斯特
型号：哈林顿脚踏（储存箱）
规格：440mm × 650mm × 540mm
市场价：30 560 元
材质：天鹅绒

Manolo 中型沙发

品牌：帝瑞斯特
型号：马诺洛两人位宽
规格：970mm × 1960mm × 1040mm
市场价：127 450 元
材质：提花织布
设计说明：马诺洛 1943 年出生在西班牙加纳利群岛的香蕉种植园，母亲是西班牙人，父亲是捷克人。他和妹妹伊成杰琳（Evangeline）从小受到严格的家教，从他们的言行举止中可以感觉到这种旧式的良好教养。他曾在日内瓦学习语言和艺术，1968 年，马诺洛来到巴黎，立志成为一名舞美设计师。 多年以来。马诺洛一直是时装界的传奇人物，并被誉为世界上最伟大的鞋匠。他设计的鞋典雅别致，流淌着性感的线条，虽然售价 400 英镑但顾客大有人在。Duresta 传承其优雅的设计，流畅性感的线条融入沙发里面，将优美与舒适相结合，只做了”Manolo”为命名的沙发。

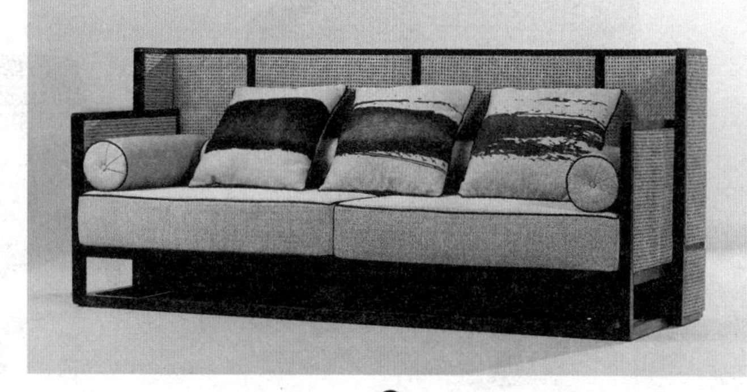

［合一］四人沙发

品牌：物本造
型号：WBZ-02
规格：2400mm × 800mm × 1000mm
市场价：21 000 元
材质：橡木着色、浅麻布印纹、竹面编织
风格：新中式
设计说明：古人讲天人合一，即自然与人相生、相融。此款沙发采用了极具东方风格的高背形式，似中国传统的围屋概念。围合，是中国人传统的居住形式，也具华夏文明的“合”文化。色彩采用了黑灰两色，稳重大方。“一”字的书墨印纹，体现了道家的逍遥思想理念，以“一”字概括了自然万物的统一性。

单人沙发

品牌：和信慧和家具
型号：MT-17
规格：850mm × 900mm × 900mm
市场价：1 800 元
材质：水曲柳
设计说明：中式单人沙发，底座由水曲柳制作，搭配素雅图案的软包，表达了对清新生活的向往。

园锦·双人沙发

品牌：观塘景致有限公司
型号：AC5827N11RAT
规格：2360mm×1010mm×1620mm
市场价：59 800 元
材质：高密度聚乙烯藤
风格：新中式
设计说明：源于生命的感悟和理解创作的闲适蛋居，外壳坚硬，内里柔软，令人亲近如初生般的感觉，完全手工编织的造型及圆润的边角细节处理，镂空花形设计，品味唯美经典。

清·单人沙发

品牌：观塘景致有限公司
型号：ZT5200NO1RAT
规格：880mm×750mm×680mm
市场价：5 900 元
材质：高密度聚乙烯藤
风格：新中式
设计说明：“清”单人椅设计玲珑有致，适宜随意搬动和挪放，是专为用餐空间准备的户外餐椅系列。座高略微上抬，确保用餐中身体的舒适性，椅背以传统的格纹编织，亲切古朴。

沙发

品牌：传世
型号：1s66
规格：3 件组合（躺位 + 单人位 + 扶手位）
市场价：94 960 元
材质：黑胡桃、皮革
风格：现代
产地：苏州
颜色：木色

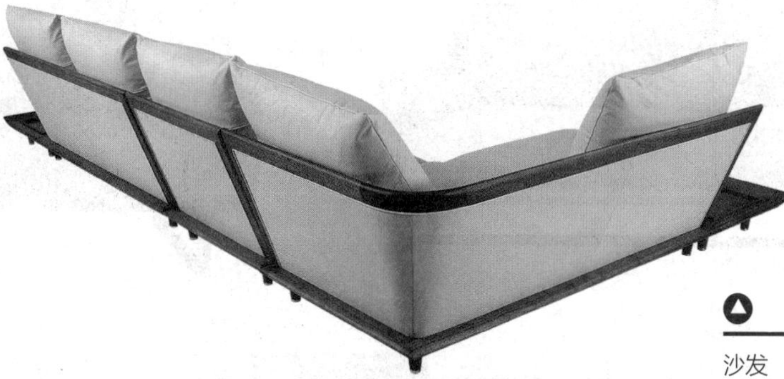

沙发

品牌：传世
型号：2 s66
规格：3 件组合（躺位 + 脚踏 + 扶手位）
市场价：89 220 元
材质：黑胡桃、布料
风格：现代
产地：苏州
颜色：木色

沙发

品牌：深圳异象名家居
型号：JJ062
规格：740mm × 1060mm × 780mm
市场价：32 000 元
材质：真皮

Belvedere ladies chair

品牌：蒂瑞斯特
型号：贝尔维蒂女士单人位
规格：960mm × 950mm × 980mm
市场价：54 760 元
材质：提花织布

沙发

品牌：传世
型号：3 S68
规格：2000mm × 1100mm × 780mm
市场价：59 400 元
材质：黑胡桃、皮革
风格：现代
产地：苏州
颜色：木色

沙发

品牌：传世
型号：4 S68
规格：2400mm × 1100mm × 780mm
市场价：42 750 元
材质：黑胡桃、布料
风格：现代
产地：苏州
颜色：木色

Belvedere 双人沙发

品牌：帝瑞斯特
型号：贝尔维蒂两人位（宽）
规格：960mm × 2000mm × 1070mm
市场价：107 170 元
材质：提花织布

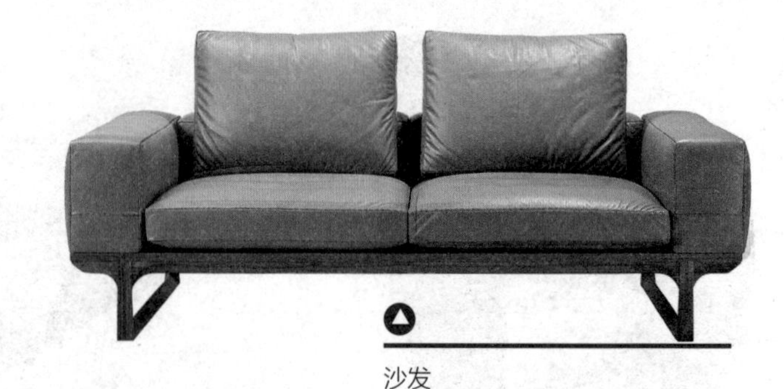

沙发

品牌：传世
型号：6 S69-2
规格：2400mm × 1000mm × 780mm
市场价：48 000 元
材质：黑胡桃、皮革
风格：现代
产地：苏州
颜色：木色

沙发

品牌：传世
型号：5 S68
规格：1600mm × 1100mm × 780mm
市场价：70 650 元
材质：黑胡桃、皮革
风格：现代
产地：苏州
颜色：木色

沙发

品牌：传世
型号：8 S71-3
规格：2700mm × 1000mm × 658mm
市场价：55 560 元
材质：黑胡桃、皮革
风格：现代
产地：苏州
颜色：木色

沙发

品牌：传世
型号：9 S71-2
规格：1880mm × 1000mm × 658mm
市场价：44 550 元
材质：黑胡桃、皮革
风格：现代
产地：苏州
颜色：木色

沙发

品牌：传世
型号：7 S69-3
规格：2000mm × 1000mm × 780mm
市场价：36 000 元
材质：黑胡桃、布料
风格：现代
产地：苏州
颜色：木色

沙发

品牌：传世
型号：10 S80-2
规格：1200mm × 750mm × 800mm
市场价：23 000 元
材质：黑胡桃、皮革
风格：现代
产地：苏州
颜色：木色

沙发

品牌：传世
型号：11 S80-2
规格：650mm × 750mm × 800mm
市场价：18 850 元
材质：黑胡桃、皮革
风格：现代
产地：苏州
颜色：木色

沙发

品牌：莱斯特施

型号：5001 沙发

规格：2390mm × 1040mm × 1260mm

2840mm × 1040mm × 1280mm

市场价：171 120 元

面料：H114 皮

沙发

品牌：莱斯特施

型号：5006 沙发

规格：2140mm × 1050mm × 1250mm

2750mm × 1050mm × 1250mm

市场价：113 850 元

面料：092 皮

沙发

品牌：莱斯特施

型号：A03 沙发

规格：1450mm × 1110mm × 1275mm

2650mm × 1110mm × 1275mm

市场价：176 640 元

面料：3001 皮

沙发

品牌：莱斯特施

型号：5008 沙发

规格：1310mm × 1090mm × 1280mm

1910mm × 1090mm × 1340mm

2980mm × 1090mm × 1340mm

市场价：314 640 元

面料：H112 皮

沙发

品牌：莱斯特施
型号：855 沙发
规格：1120mm×1000mm×1250mm
1660mm×1000mm×1260mm
2800mm×1000mm×1340mm
市场价：171 120 元
面料：6006 皮

沙发

品牌：莱斯特施
型号：865 沙发
规格：1060mm×960mm×1250mm
1650mm×960mm×1270mm
2230mm×960mm×1310mm
市场价：88 320 元
面料：DFB-03 皮

沙发

品牌：莱斯特施
面料：DFB-03 皮
型号：866 沙发
市场价：88 320 元
规格：1240mm×1040mm×1390mm
1890mm×1040mm×1390mm
2780mm×1040mm×1390mm

沙发

品牌：莱斯特施
型号：870 沙发
规格：转角 2650mm×1990mm×1220mm
市场价：51 750 元
面料：3301 皮

沙发

品牌：莱斯特施
型号：5002 沙发
规格：860mm×1070mm×1100mm
2780mm×1060mm×1230mm
2780mm×1060mm×1230mm
市场价：197 060 元
面料：H115 皮

沙发

品牌：莱斯特施
型号：5005 沙发
规格：1100mm×1070mm×1230mm
1700mm×1070mm×1230mm
2150mm×1070mm×1230mm
市场价：113 850 元
面料：H117 皮

沙发

品牌：莱斯特施
型号：872 沙发
规格：1300mm×1000mm×1210mm
1890mm×1000mm×1230mm
2350mm×1000mm×1230mm
市场价：110 400 元
面料：珠 28 皮

沙发

品牌：莱斯特施
型号：A868 沙发
规格：1110mm×1000mm×1220mm
1700mm×950mm×1260mm
2270mm×950mm×1290mm
市场价：95 910 元
面料：3612 皮

沙发

品牌：莱斯特施
型号：822 圆台
规格：1350mm×1350mm
市场价：52 220 元
面料：配七彩玛瑙

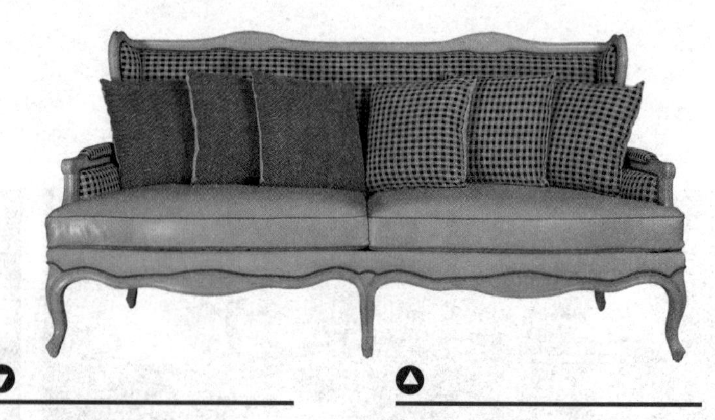

沙发

品牌：莱斯特施
型号：869 沙发
规格：1230mm × 950mm × 1240mm
1940mm × 970mm × 1220mm
2700mm × 1050mm × 1230mm
市场价：121 440 元
面料：9812 皮

三人位沙发

品牌：璐璐生活馆
型号：CFC73C
规格：2400mm × 1000mm × 1100mm
市场价：47 999 元

沙发

品牌：璐璐生活馆
名称：三人沙发
型号：CFC135D
规格：2200mm × 1000mm × 1110mm
市场价：37 999 元

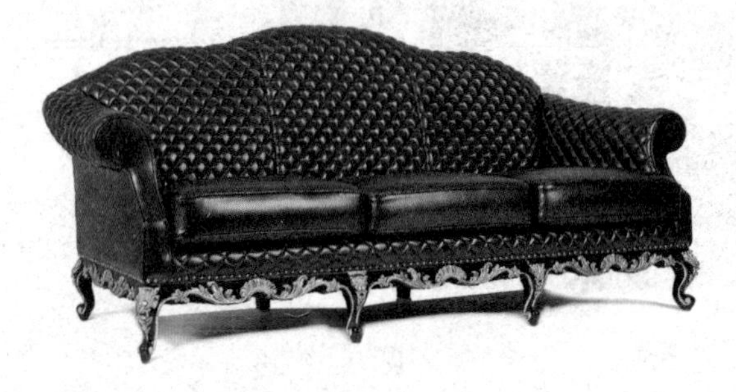

富贵花

品牌：香伯廷海派
型号：1033
规格：2334mm × 950mm × 1000mm
市场价：36 500 元
材质：雕花，部分露底贴金，布艺
风格：欧式新古典
设计说明：黑色皮革沙发靠背图纹精致非常，恰到好处地装饰了沙发，而沙发腿部分的雕花和部分露底贴金进一步提升了沙发的华丽感。

雕花沙发

品牌：香伯廷海派
型号：1022
规格：2334mm × 950mm × 1000mm
市场价：36 500 元
材质：雕花，线条雕花部分露底贴金，深木色仿旧八分光，靠背、扶手、底框边缘软包 RS-001（缝 50 × 50 方形格软包），坐垫 RS-001 光皮软包，Φ200mm × 550mm 圆枕（走边）两只（RS-001，Φ30mm 皮扣深拉），500mm × 500mm 方抱枕两只（SD-2-R047，嫩绿面料滚边），550mm × 550mm 抱枕两只（嫩绿面料，RS-001 皮滚边）
风格：欧式新古典
设计说明：黑色皮革沙发靠背图纹精致非常，恰到好处地装饰了沙发，而沙发腿部分的雕花和部分露底贴金进一步提升了沙发的华丽感。

蝴蝶座椅

品牌：香伯廷海派
型号：1042
规格：590mm × 714mm × 1050mm
市场价：36 500 元
材质：木材、雕花、皮革
风格：欧式新古典
设计说明：金色雕花、黑色木边框、银色皮革坐垫与靠背，沙发结构宽广大气，格调高贵。

单个沙发（红色）

品牌：香伯廷海派
型号：A（14）
规格：150mm×150mm×100mm
市场价：定制产品
材质：绒布
风格：欧式新古典
设计说明：棕色色彩百搭，能放置在玄关、客厅、房间，与其他家具和谐搭配。

单个沙发（棕色）

品牌：香伯廷海派
型号：A（13）
规格：150mm×150mm×100mm
市场价：定制产品
材质：绒布
风格：欧式新古典
设计说明：棕色色彩百搭，能放置在玄关、客厅、房间，与其他家具和谐搭配。

墨绿色皮沙发（两座）

品牌：香伯廷海派
型号：A（36）
规格：1200mm×600mm×500mm
市场价：定制产品
材质：皮革
风格：欧式新古典
设计说明：墨绿色的沙发低调而又高雅，配上几个粉色的靠垫，显得活泼了许多，沙发底部低调的用H连接着凳腿，彰显主人的身份。

绿色皮沙发

品牌：香伯廷海派
型号：A（7）
规格：730mm×756mm×930mm
市场价：定制产品
材质：皮革
风格：欧式新古典
设计说明：皮质柔软，绿色清新亮丽，沙发背部采用凹凸设计，十分有质感。

黑色皮沙发（三座）

品牌：香伯廷海派
型号：B（2）3人
规格：1800mm×600mm×550mm
材质：皮革
市场价：定制产品
风格：欧式新古典
设计说明：黑色是百搭的颜色，大气高贵，皮革的质地更为沙发上升了一个档次，三座宽阔华贵

黑色皮单人沙发

品牌：香伯廷海派
型号：B（4）
规格：800mm×755mm×950mm
市场价：定制产品
材质：皮革
风格：欧式新古典
设计说明：黑色沙发显得端庄高雅，凳脚处的细节都处理的十分到位。

墨绿色皮沙发（三座）

品牌：香伯廷海派
型号：A（37）
规格：1800mm×600mm×500mm
市场价：定制产品
材质：皮革
风格：欧式新古典
设计说明：墨绿色的沙发低调而又高雅，配上几个粉色的靠垫，显得活泼了许多，沙发底部低调的用H连接着凳腿，彰显着主人的身份。

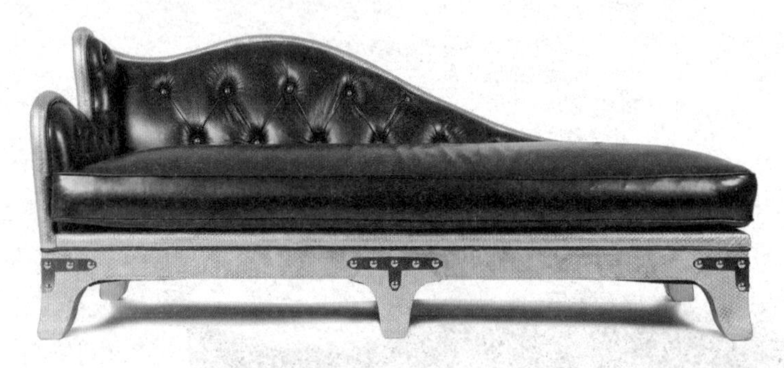

黑色皮贵妃榻

品牌：香伯廷海派
型号：B (2) 贵妃榻
规格：1500mm×650mm×500mm
市场价：定制产品
材质：皮革
风格：欧式新古典
设计说明：美人靠体现出一种优雅慵懒的气质，黑色更显得端庄高雅。

粉色长沙发（两座）

品牌：香伯廷海派
型号：C（2）
规格：1200mm×600mm×500mm
市场价：定制产品
材质：皮革
风格：欧式新古典
设计说明：粉色的沙发主体搭配上藏青色的坐垫，使得在甜美中多了一份硬朗。

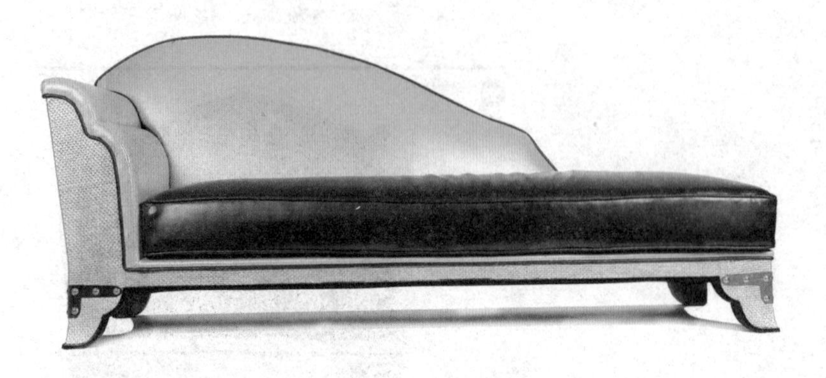

粉色贵妃靠

品牌：香伯廷海派
型号：C（6）
规格：1500mm×650mm×500mm
市场价：定制产品
材质：皮革
风格：欧式新古典
设计说明：柔美的粉色美人靠搭配上藏青色的坐垫，在柔软中加入了硬朗的成分。

粉色单人沙发

品牌：香伯廷海派
型号：C（4）
规格：740mm×755mm×950mm
市场价：定制产品
材质：皮革
风格：欧式新古典
设计说明：粉色的沙发搭配藏青色的坐垫，凳脚处的细节都处理得十分到位。

优雅紫色沙发

品牌：香伯廷海派
型号：B（9）
规格：1000mm×650mm×400mm
市场价：定制产品
材质：软包、木材
风格：欧式新古典
设计说明：面料舒适，紫色优雅神秘，可作为沙发也可作为餐椅，彰显主人的尊贵地位。

三人沙发

品牌：香伯廷海派
型号：1019
规格：2250mm×930mm×850mm 材质：外围软包 ART51193-COL.09，坐垫 ART51195-COL.03，LLAE9133#橙色皮钩边/配抱枕500mm×500mm两只（ART51193-COL.09，LLAE9133号橙色皮滚边），550mm×550mm两只（SR-23,LLAE9133号橙色皮滚边）550mm×380mm一只（SR-130B,LLAE9133号橙色皮滚边）
市场价：26 800元
风格：欧式新古典
设计说明：在一片浅灰色的面上出现的那一道红色边线颇为醒目，布艺材质舒适、亲切。

香奈儿沙发

品牌：香伯廷海派
型号：1020
规格：730mm×756mm×900mm
市场价：定制产品
材质：皮革、木材
风格：欧式新古典
设计说明：这款沙发的靠背直接沿用了香奈儿的双C标志，配合纤细优雅的扶手，浪漫的紫色，奢华的皮革材质，华贵非常。

橱柜

铸铝书架

品牌：MOSMODE
规格：330mm×330mm×H1500mm
市场价：11 000 元
材质：铸铝
风格：新中式
设计说明：极简的线条勾勒出中式的元素，陈列柜亦可营造中式情怀。

鸟笼柜

品牌：清境家具
型号：JU-009
规格：D76.80mm×H1850mm
市场价：12 576 元
材质：白橡木
风格：新中式

立柜

品牌：Harbor House
型号：101814
规格：L550mm×W510mm×H1800mm
市场价：6 680 元
材质：橡木、橡木单板、环保人造板
风格：美式休闲

路易十五小酒柜

品牌：MOSMODE
规格：1200×460×900(高)
市场价：11 000
材质：彩色实木饰面多层板
风格：现代
设计说明：路易十五风格的酒柜，亦可做其他收纳用。

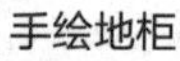

手绘地柜

品牌：物本造
型号：WBZ-11
规格：2000mm×50.50mm×500mm
市场价：13 200 元
材质：黑亮光、红橡原色腿开放油漆
风格：新中式
设计说明：宋、元、明、清时期的书法以及绘画作品，结合现代形式和工艺，通过时尚的设计让人欣赏和体验传统美，对当代生活方式也会产生巨大的改变。

水纹边柜

品牌：YAANG Design Ltd.
型号：FU-SC-R1
规格：1600mm×400mm×600mm
市场价：6 800 元
材质：木材、不锈钢
风格：现代
设计说明：黑色与金属表达了一种现代东方的生活态度。

角柜

品牌：MOSMODE
规格：330mm×330mm×H1500mm
市场价：8 800 元
材质：杜邦可丽耐
风格：现代
设计说明：四面对开的储物格可用于陈列或书柜，是空间、景物、内容的对穿。

手绘边柜

品牌：物本造
型号：WBZ-10
规格：2000mm×1050mm×450mm
市场价：16 000 元
材质：黑亮光、红橡原色腿开放油漆
风格：新中式
设计说明：宋、元、明、清时期的书法以及绘画作品，结合现代形式和工艺，通过时尚的设计让人欣赏和体验传统美，对当代生活方式也可会产生巨大的改变。

黑色丙烯酸树脂抽屉柜

品牌：Paul Kolly
规格：H710mm×L1500mm × D500mm
市场价：18 000 元
材质：口亚克力高光面板、红色皮革

花样年华·高柜

品牌：YAANG Design Ltd.
型号：Y-TC-GB01
规格：750mm×700mm×1050mm
市场价：6 800 元
材质：木材、丝绒
风格：现代
设计说明：木质与丝绸的棋格排列带有东方的形式美感。

梳妆台

品牌：Paul Kolly
规格：H950mm ×L800mm× D600mm
市场价：26 400 元
材质：不锈钢、海军黄铜、乌木复合板饰面

柜子

品牌：深圳异象名家居
型号：JJ074
规格：1650mm×480mm×900mm
市场价：32 000 元
材质：毛皮

餐边柜

品牌：传世
型号：72 MSC-6175
规格：1750mm × 510mm × 860mm
市场价：36 900 元
材质：黑胡桃
风格：现代
产地：苏州
颜色：木色

电视柜

品牌：传世
型号：74 TV-6245
规格：2400mm × 540mm × 550mm
市场价：26 440 元
材质：黑胡桃、茶色钢化玻璃
风格：现代
产地：苏州
颜色：木色

玄关柜

品牌：传世
型号：71 DESK-6141
规格：1600mm × 400mm × 860mm
市场价：12 080 元
材质：黑胡桃、皮革（灰皮）
风格：现代
产地：苏州
颜色：木色

餐边柜

品牌：传世
型号：73 MSC-8220
规格：2200mm × 620mm × 900mm
市场价：33 300 元
风格：现代
材质：黑胡桃
产地：苏州
颜色：木色

斗柜

品牌：传世
型号：76 SFC-6112
规格：450mm × 450mm × 1350mm
市场价：23 790 元
材质：黑胡桃
风格：现代
产地：苏州
颜色：木色

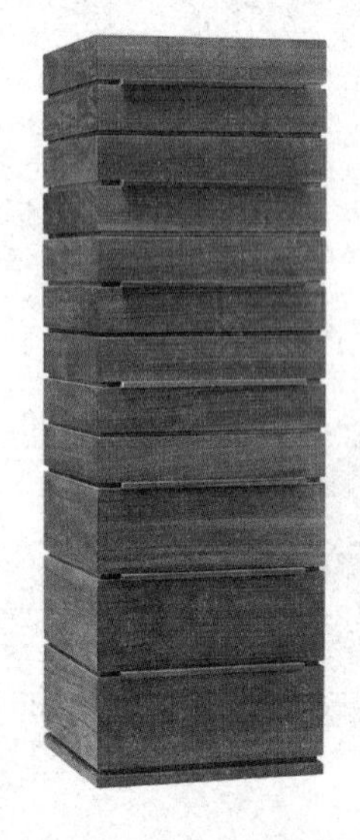

斗柜

品牌：传世
型号：75 SFC-6112
规格：680mm × 500mm × 1120mm
市场价：29 080 元
风格：现代
材质：黑胡桃
产地：苏州
颜色：木色

衣柜

品牌：传世
型号：77 HC-6136
规格：1200mm × 600mm × 2200mm
市场价：26 000 元
材质：黑胡桃
风格：现代
产地：苏州
颜色：木色

衣柜

品牌：传世
型号：78 0002-1-3
规格 1062mm × 482mm × 1620mm
市场价：32 800 元
材质：黑胡桃
风格：现代
产地：苏州
颜色：木色

多功能柜

品牌：传世
型号：79 ZH-4800B
规格：1800mm × 400mm × 2200mm
市场价：26 200 元
材质：黑胡桃
风格：现代
产地：苏州
颜色：木色

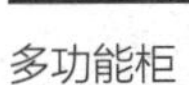

多功能柜

品牌：传世
型号：80 ZH-4800B
规格：1800mm × 400mm × 2200mm
市场价：25 200 元
材质：黑胡桃
风格：现代
产地：苏州
颜色：木色

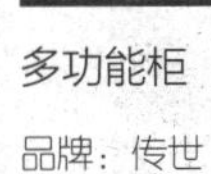

多功能柜

品牌：传世
型号：81 ZH-4800B
规格：1800mm × 400mm × 2200mm
市场价：22 320 元
材质：黑胡桃
风格：现代
产地：苏州
颜色：木色

床头柜

品牌：传世
型号：82 BC-610
规格：610mm × 460mm × 490mm
市场价：9 560 元
材质：黑胡桃、茶色钢化玻璃
风格：现代
产地：苏州
颜色：木色

床头柜

品牌：传世
型号：83 BC-610
规格：600mm × 400mm × 490mm
市场价：6 500 元
材质：黑胡桃、茶色钢化玻璃
风格：现代
产地：苏州
颜色：木色

床头柜

品牌：传世
型号：84 BC-610
规格：610mm × 460mm × 550mm
市场价：8 600 元
材质：黑胡桃、茶色钢化玻璃
风格：现代
产地：苏州
颜色：木色

床头柜

品牌：传世
型号：86 85 BC-611
规格：500mm × 450mm × 480mm
市场价：8 510 元
材质：黑胡桃、茶色钢化玻璃
风格：现代
产地：苏州
颜色：木色

床头柜

品牌：传世
型号：85 BC-611
规格：450mm × 450mm × 480mm
市场价：9 884 元
材质：黑胡桃、茶色钢化玻璃
风格：现代
产地：苏州
颜色：木色

Armoire 衣橱

品牌：Paul Kolly
规格：H2200mm×L2300mm×D600mm
市场价：42 000 元
材质：芬迪皮具、抛光不锈钢、沙比利、饰面、金色叶片金属

铝和丙烯酸树脂柜橱

品牌：Paul Kolly
规格：H900mm ×L3500mm ×D500mm
市场价：21 000 元
材质：铝、丙烯酸树脂、胡桃木

费尔特柜橱

品牌：Paul Kolly
规格：H700mm×L2100mm×D550mm
市场价：19 000 元
材质：抛光的铜、陈年铜、胡桃木

九宫格提斗柜

品牌：物本造
型号：WBZ-06
规格：1100mm×450mm×1600mm
市场价：18 500 元
材质：北美白橡木配古铜件
风格：新中式
设计说明："九"在中国传统文化中代表无穷尽之喻意，也是传统而神秘的"数独"的前身，在其他领域如书法、诗钟的分咏格中也得以体现，有如古之明堂九宫，故名。本设计将"九宫格"连同传统家具的提盒、药柜相结合，融入现代理念设计而成。

酒柜

品牌：博瑞奇
规格：1870mm×580mm ×2200mm
型号：2013QJ-153
市场价：10 120 元
材质：松木
设计说明：此款酒柜材质为老松木。

汉普斯特德办公室软装

品牌：Paul Kolly
规格：L3000mm × H2400mm × D600mm
市场价：32 000 元
材质：柚木、丙烯酸树脂、铝和玻璃

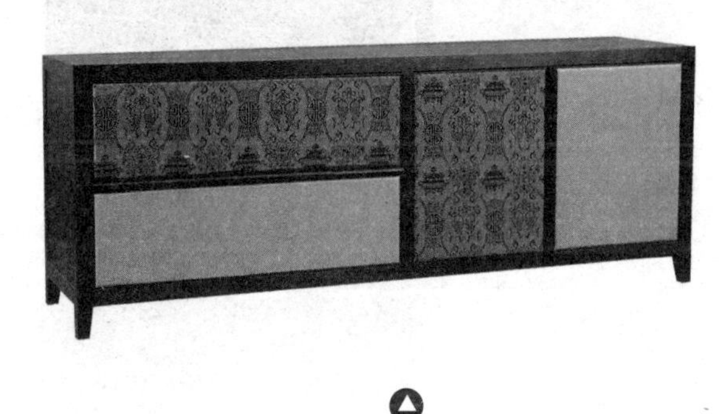

蒙德里安高柜

品牌：YAANG Design Ltd.
型号：FU-SC-S2Y
规格：1200mm × 460mm × 1400mm
市场价：9 800 元
材质：木材、丝绸
风格：现代
设计说明：黑木与东方色彩的丝绸，向蒙德里安致敬。

蒙德里安 边柜

品牌：YAANG Design Ltd.
型号：FU-SC-S1Y
规格：1800mm × 450mm × 680mm
市场价：8 600 元
材质：木材、丝绸
风格：现代
设计说明：带着蒙德里安色彩的中式黑木真丝边柜。

马克赛乌木酒柜

品牌：Paul Kolly
规格：H600mm × L2250mm × D500mm
市场价：16 000 元
材质：乌木、抛光铝层压板、丙烯酸树脂、皮革、胡桃木

“蛋”装置

品牌：Paul Kolly
规格：H1500mm × W580mm × D580mm
市场价：25 000 元
材质：铜、金箔

储物柜

品牌：蓦然回首
型号：40000336
规格：常规
市场价：3 900 元
材质：实木
产地：浙江

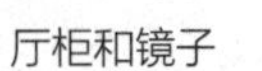

厅柜和镜子

品牌：Paul Kolly
规格：H2500mm × L3000mm × D380mm
市场价：32 000 元
材质：铜、柚木、不锈钢、金箔

高柜

品牌：青木堂
型号：RJ91-51×-443
规格：1280mm×465mm×1960mm
市场价：43 800 元
材质：花梨木
风格：现代东方
设计说明：层林尽阅，古朴自然，饰帛枕木，器宇轩昂。茶柜用花梨与布饰婉转唯美搭配，让隔间器具与茶境陈设融为一体，无所阻隔，便于取放、清洁。

边柜

品牌：Paul Kolly
规格：H650mm ×L2000mm ×D550mm
市场价：28 500 元
材质：海军黄铜、胡桃木、丙烯酸树脂

鞋柜

品牌：蓦然回首
型号：40000339
规格：常规
市场价：3 450 元
材质：实木
产地：浙江

活动柜

品牌：青木堂
型号：RJ91-590-443
规格：600mm×450mm×50.50mm
市场价：13 800 元
材质：花梨木
风格：现代东方
设计说明：柜子恰到好处的高度，使得茶师可端坐于位，提壶煮水。柜子的活动式设计则因应了空间变化与使用习惯，可视需求置左或右；一大一小的两抽形式，茶具茶罐可分格分层按类摆放。

茶几

品牌：蓦然回首
型号：40000337
规格：常规
市场价：2 100 元
材质：实木
产地：浙江

床头柜

品牌：蓦然回首
型号：40000338
规格：常规
市场价：2 550 元
材质：实木
产地：浙江

电视柜

品牌：青木堂
型号：RJ20-55X-443
规格：2130mm×480mm×430mm
市场价：27 600 元
材质：花梨木
风格：现代东方
设计说明：我们所要传达的无形之道，透过在设计上采用简约利落、流畅舒展的水平线条，不假装饰的手法来诠释器物带给人的平静感受。

不锈钢黄铜桌

品牌：Paul Kolly
规格：H750mm×L900mm × W700mm
市场价：22 000 元
材质：不锈钢、海军黄铜、柚木、蓝色有机玻璃

书架上柜

品牌：fine
型号：810-991，992
规格：1998mm×568mm×2235mm
市场价：46 140 元
材质：鹅掌楸，樱桃木贴面，核桃木实木
风格：美式
产地：上海
颜色：棕色

边柜

品牌：博瑞奇
型号：2009SH-040
规格：1220mm×430mm×1180mm
市场价：5 975 元
材质：松木
设计说明：此款边柜材质为百年老松木加老铁。

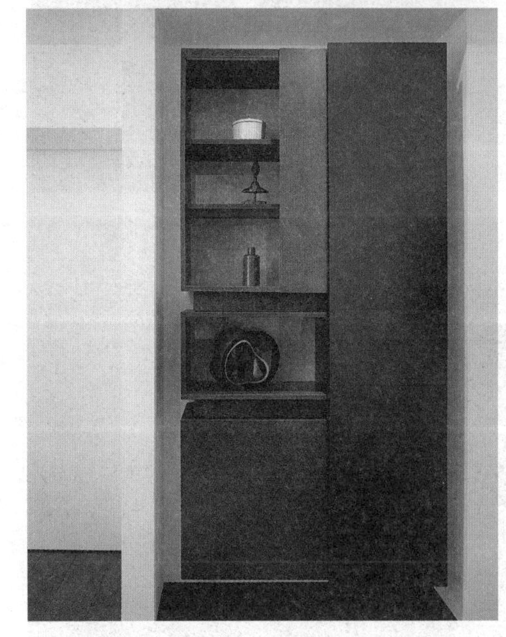

墙柜

品牌：Paul Kolly
规格：H2000mm × W1000mm× D380mm
市场价：32 000 元
材质：不锈钢、丙烯酸树脂

边柜

品牌：暮然回首
型号：40000068
规格：320mm×15.80mm×830mm
市场价：2 188 元
材质：木材
产地：福建

边柜

品牌：暮然回首
型号：40000326
规格：常规
市场价：4 440 元
材质：实木
产地：浙江

电视柜

品牌：暮然回首
型号：40000334
规格：常规
市场价：3 000 元
材质：实木
产地：浙江

装饰柜

品牌：和信慧和家具
型号：MT-09
规格：1500mm×650mm×750mm
市场价：5 200 元
材质：水曲柳
设计说明：装饰柜由天然水曲柳制作，材料年轮明显但不均匀，木质结构，纹理直，花纹美丽，有光泽，硬度较大。

装饰柜

品牌：和信慧和家具
型号：MT-15
规格：1000mm×550mm×570mm
市场价：3 890 元
材质：水曲柳
设计说明：装饰柜切面非常光滑，足够的储存空间也不失装饰功能，耐腐耐水性能好，着色性能好，油漆和粘性也较好，具有良好的装饰性能。

边几

品牌：蓦然回首
型号：40000069
规格：180mm × 175mm × 610mm
市场价：1 388 元
材质：木材
产地：福建

边柜

品牌：蓦然回首
型号：40000327
规格：常规
市场价：4 800 元
材质：实木
产地：浙江

床头柜

品牌：蓦然回首
型号：40000329
规格：常规
市场价：1 800 元
材质：实木
产地：浙江

边几

品牌：蓦然回首
型号：40000071
规格：138mm × 120mm × 830mm
市场价：888 元
材质：木材
产地：福建

鞋柜

品牌：蓦然回首
型号：40000328
规格：常规
市场价：5 100 元
材质：实木
产地：浙江

边柜

品牌：蓦然回首
型号：40000333
规格：常规
市场价：3 600 元
材质：实木
产地：浙江

装饰柜

品牌：和信慧和家具
型号：MT-13
规格：1000mm × 550mm × 570mm
市场价：3 900 元
材质：水曲柳
设计说明：水曲柳材质装饰柜切面非常光滑，足够的储存空间也不失装饰功能，加工细心，粗粮细作，既有储物功能也可以制造优雅不俗的装饰效果。

装饰柜

品牌：和信慧和家具
型号：MT-02
规格：870mm × 400mm × 200mm
市场价：400 元
材质：水曲柳
设计说明：水曲柳材质装饰柜小巧精致，但依旧有足够的储存空间却也不失装饰功能，做工精细，既可以有储物功能也可以制造优雅不俗的装饰效果。

装饰柜

品牌：和信慧和家具
型号：MT-08
规格：2000mm × 400mm × 490mm
市场价：6 400 元
材质：水曲柳
设计说明：水曲柳材质装饰柜切面非常光滑，可做电视柜使用，做工精细，既有储物功能也可以制造优雅不俗的装饰效果。

五屉单门彩色木柜多用橱柜

品牌：蓦然回首
型号：420000662
规格：1175mm × 425mm × 660mm
市场价：6 128 元
材质：实木
产地：福建

韦尔图三门储物柜

品牌：璐璐生活馆
型号：VT16
规格：1100mm × 450mm × 900mm
市场价：15 999 元

曼特农二抽书柜

品牌：璐璐生活馆
型号：MNT07
规格：1490mm × 490mm × 2100mm
市场价：19 999 元

曼特农展示柜

品牌：璐璐生活馆
型号：MNT09
规格：930mm × 490mm × 2100mm
市场价：18 999 元

戛纳二重书柜

型号：CAN02
规格：1400mm × 400mm × 2200mm
市场价：23 999 元

65 号储物柜

型号：CMC73
规格：1300mm × 610mm × 830mm
市场价：34 999 元

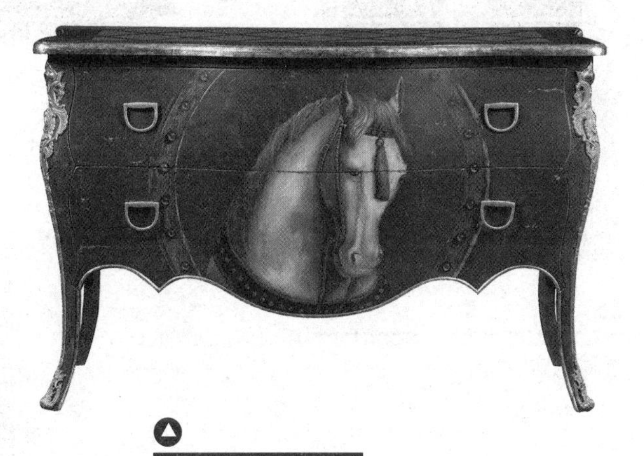

65 号彼茨尼储物柜

型号：CMC56
规格：1350mm × 580mm × 860mm
市场价：59 999 元

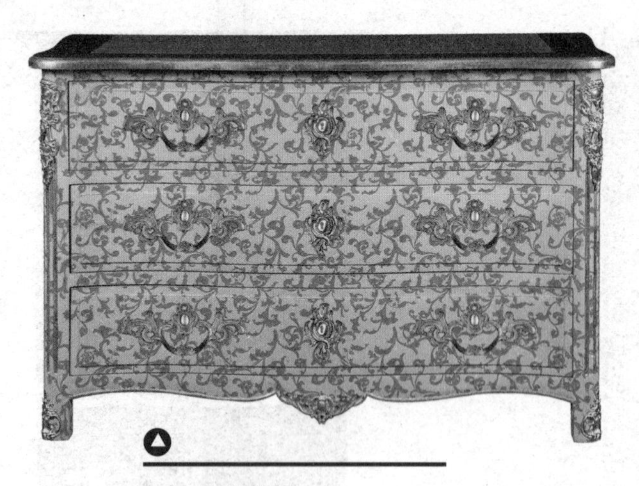

64号三抽储物柜

品牌：璐璐生活馆
型号：CMC63
规格：1300mm×600mm×800mm
市场价：23 999元

65号二抽小柜

品牌：璐璐生活馆
型号：CMC76
规格：750mm×400mm×750mm
市场价：13 999元

复古电视柜

品牌：香伯廷海派
型号：A（38）
规格：1600mm×490mm×900mm
市场价：定制产品
材质：木材
风格：欧式新古典
设计说明：复古的红色电视柜，有沧桑的美感，柜体的设计十分简洁，收纳功能十分强大。

香波两门藏书柜

型号：CHA07
规格：1600mm×550mm×2400mm
市场价：34 999元

纯白电视柜

品牌：香伯廷海派
型号：A（17）
规格：1400mm×500mm×700mm
市场价：定制产品
材质：木材
风格：欧式新古典
设计说明：整体造型大方典雅，线条流畅，优雅低调而又显出尊贵，易于搭配。

拼贴多功能柜

品牌：香伯廷海派
型号：A（17）
规格：720mm×480mm×1380mm
市场价：定制产品
材质：木材、皮革
风格：欧式新古典
设计说明：共5层，柜体以及抽屉表面均采用多色皮质拼贴而成，高端奢华，色彩丰富饱满。

5层红边柜

品牌：香伯廷海派
型号：A（25）
规格：890mm×450mm×1280mm
市场价：定制产品
材质：木材
风格：欧式新古典
设计说明：柜体以红色为边，银色的编织花纹为主体，散发着独特的魅力，简洁大方。

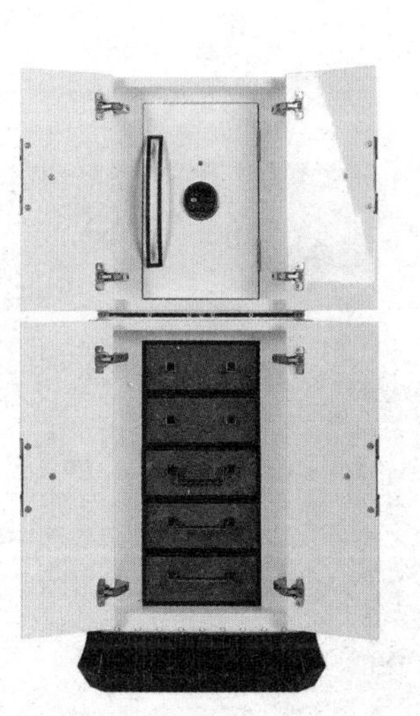

纯白色多功能柜

品牌：香伯廷海派
型号：A（20）
规格：400mm×400mm×1200mm
市场价：定制产品
材质：木材、皮革
风格：欧式新古典
设计说明：长方形的多功能柜，外表朴实无华，打开柜门红色抽屉跃入眼底，可用来储物也可用来装饰。

Watson 储物箱

品牌：Harbor House
型号：103389
规格：L600mm×W600mm×H600mm
市场价：13 800 元
材质：基里姆毯、皮、环保人造板
风格：美式休闲

精致把手多功能柜

品牌：香伯廷海派
型号：A（29）
规格：1030mm×580mm×830mm
市场价：定制产品
材质：木材
风格：欧式新古典
设计说明：这款柜子的把手十分抢眼，共有九个把手采用了八种不同造型，无论把柜子放哪里都不会显得暗淡。

红电视柜

品牌：香伯廷海派
型号：A（32）
规格：1600mm×490mm×900mm
市场价：定制产品
材质：木材
风格：欧式新古典
设计说明：整体造型大方典雅，线条流畅，优雅低调而又显出尊贵。

多彩床头柜

品牌：香伯廷海派
型号：B(2)侧拉
规格：650mm×500mm×690mm
市场价：定制产品
材质：木材
风格：欧式新古典
设计说明：外观由多块皮质表面拼贴而成，明显的H标识，低调地展现着自己的价值。

红色床头柜

品牌：香伯廷海派
型号：A
规格：660mm×660mm×680mm
市场价：定制产品
材质：木材
风格：欧式新古典
设计说明：此款床头柜远看像一个红色的皮箱，新颖别致，扎实的底座与红色的柜面相得益彰。

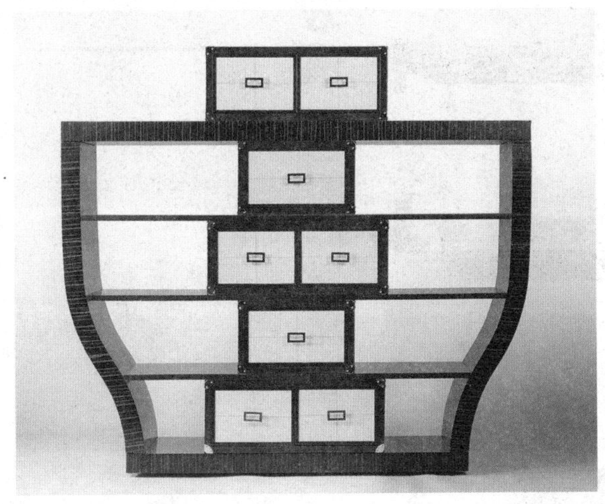

风景边柜

品牌：香伯廷海派
型号：A (2) 风景边柜
规格：800mm × 500mm × 1200mm
市场价：定制产品
材质：木材
风格：欧式新古典
设计说明：边柜使用金色和黑色搭配，在黑色柜面上用金色线条刻画出精美的图案，整体显得华贵大气。

中式书橱

品牌：香伯廷海派
型号：A（1）
规格：1000mm × 800mm × 1050mm
市场价：定制产品
材质：木材
风格：欧式新古典
设计说明：书橱不仅能够收纳书籍，还贴心地设计了 8 个抽屉，能够用来放置主人的笔墨等书房用具。

古典高柜

品牌：香伯廷海派
型号：B（2）高柜
规格：650mm × 400mm × 1100mm
市场价：定制产品
材质：木材
风格：欧式新古典
设计说明：边柜通体银白色，柜门绘图使用复古的仕女图案，柜角造型别致复古。

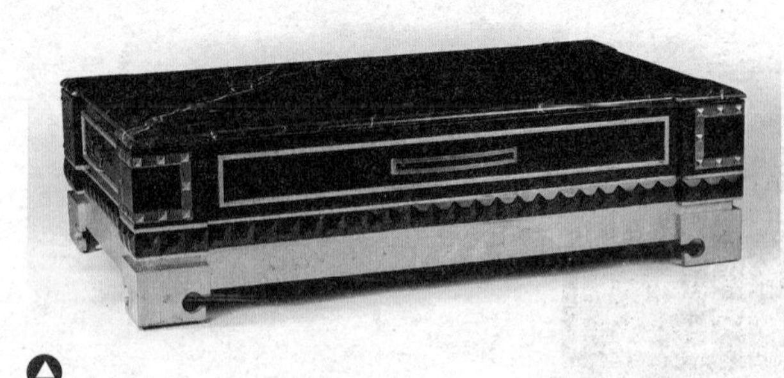

黑金矮柜

品牌：香伯廷海派
型号：B（11）
规格：550mm×400mm×300mm
市场价：定制产品
材质：木材
风格：欧式新古典
设计说明：黑色与金色完美的比例配搭，典雅的长方形造型，使矮柜高贵而优雅。

不规则装饰柜

品牌：香伯廷海派
型号：A（28）
规格：1000mm×650mm×600mm
市场价：定制产品
材质：木材
风格：欧式新古典
设计说明：柜子整体造型是不规则的梯形，四根立柱支撑上下两层，下层图案也运用了大块的马赛克拼花，桌脚是麒麟脚造型，别出心裁。

多功能餐边柜

品牌：香伯廷海派
型号：A 餐边柜（2）
规格：650mm×450mm×1200mm
市场价：定制产品
材质：木材、皮革
风格：欧式新古典
设计说明：餐边柜色彩让人眼前一亮，左右两侧的门也可以打开，上方有一个小柜，下方还有一个抽屉，空间与功能足够强大。

多彩装饰柜

品牌：香伯廷海派
型号：A（12）
规格：1000mm×650mm×500mm
市场价：定制产品
材质：木材、皮革
风格：欧式新古典
设计说明：抽屉表面采用皮质，高端奢华，色彩丰富饱满，柜脚是独特的五脚，创新别致。

香奈儿电视柜

品牌：香伯廷海派
型号：1001
规格：2100mm×552mm×660mm
市场价：定制产品
材质：黑檀木、不锈钢
风格：欧式新古典
设计说明：香奈儿的“双C”标志镌刻于柜脚，抽屉把手也沿用了C的优美形态，黑檀木色调和浅肉色色调的结合堪称经典，不锈钢材质的点缀令电视柜倍显气质。

双斗边柜

品牌：香伯廷海派
型号：B（6）
规格：1000mm×650mm×500mm
市场价：定制产品
材质：木材
风格：欧式新古典
设计说明：深棕色的柜子显得沉稳内敛，柜腿采用流畅的曲线形，柜身别致。

酒柜

品牌：香伯廷海派
型号：B（7）
规格：650mm×650mm×1200mm
市场价：定制产品
材质：木材
风格：欧式新古典
设计说明：有6根柜腿，稳健扎实，色彩沉稳内敛，中式风格气息浓厚，地面上倒映出H字母，低调的显示酒柜的价值。

嫩绿梳妆柜

品牌：香伯廷海派
型号：1003
规格：890mm×450mm×1280mm
市场价：定制产品
材质：深木色油漆七分光，白色高光漆，嫩绿皮金盛LB-05，ZS-17钩边，树榴木皮七分光，柜子内部贴绒布SR-04A，不锈钢线切割电镀香槟金，香槟金包角，金色合页
风格：欧式新古典
设计说明：嫩绿色柜面让人想到初春的鲜活生机，树榴木皮作为柜边，把梳妆柜衬托得更加有质感。

射线橱柜

品牌：香伯廷海派
型号：1011
规格：1880mm×620mm×1440mm
市场价：定制产品
材质：深木色仿旧八分光，边框真皮贴制（ES-243），后背板白影木皮，侧板黑檀木皮，电镀香槟金，底座黑檀木皮（竖向），抽屉内部整体贴西南桦木皮
风格：欧式新古典
设计说明：整个橱柜从装饰图纹到构造都呈现放射状，从中间柜门把手出发，几条直线发散放射布满整个柜立面，两边则延伸出开放式柜层，增加储藏空间面积。

怪诞派

品牌：香伯廷海派
型号：1012
规格：1390mm×670mm×1850mm
市场价：定制产品
材质：木材
风格：欧式新古典
设计说明：白色长方体立面正中用黑色描绘一个生动的装饰柜，而抽屉隔层就藏在这块黑色面板中，以大红色为涂层区别开来，艺术气息十足。

立柜

品牌：香伯廷海派
型号：1007
规格：1880mm×620mm×144mcm
市场价：定制产品
材质：黑木
风格：欧式新古典
设计说明：这个长形立柜拥有规整的线条，黑木作为线条边框，与浅色柜面相衬，格调高雅。

香奈儿橱柜

品牌：香伯廷海派
型号：1007
规格：1880mm×620mm×1440mm
市场价：定制产品
材质：黑木
风格：欧式新古典
设计说明：以红黑两色组合作为橱柜边框和桌腿，外立面则用浅色作为点缀，轻重均衡，不失为一件艺术气息十足的橱柜。

香奈儿床头柜

品牌：香伯廷海派
型号：1005
规格：600mm×500mm×644mm
市场价：定制产品
材质：黑檀木、不锈钢
风格：欧式新古典
设计说明：与香奈儿电视柜采用了相同的设计，可以说是电视柜的浓缩版，双C标志在此仍然显眼，优雅华贵。

桌几

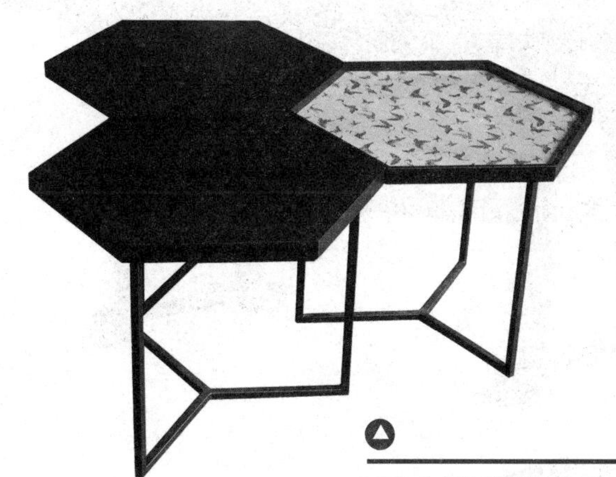

性感茶几

品牌：YAANG Design Ltd.
型号：FU-TT-L1M
规格：500mm × 500mm × 450mm
市场价：2 800 元
材质：铁板烤漆
风格：现代
设计说明：飞扬的蕾丝时刻用小小的性感调味于你的生活。

山色六角边茶几

品牌：YAANG Design Ltd.
型号：Y-TEAPOY-SS01
规格：29.50mm × 570mm × 500mm × 430mm
市场价：2 980 元
材质：木材、缎面、不锈钢烤漆
风格：现代
设计说明：让有限空间更具无限的可能与体验。

Meadow Wood 可拉伸圆桌

品牌：Harbor House
型号：105252
规格：L1680mm/1220mm × W1220mm × H760mm
市场价：8 980 元
材质：橡胶木、樱桃木单板、环保人造板
风格：美式休闲

茶几

品牌：博瑞奇
型号：2014XP-011
规格：1400mm × 1400mm × 400mm
市场价：6 441 元
材质：榆木
设计说明：此款茶几材质为百年老榆木。

触茶几

品牌：YAANG Design Ltd.
型号：FU-TT-T1M
规格：540mm × 400mm × 400mm
市场价：1 800 元
材质：铁板烤漆
风格：现代
设计说明：简练优美的造型爱上了魅惑的蕾丝花边。

吧桌

品牌：博瑞奇
型号：2013QJ-061
规格：800mm × 800mm × 850mm
市场价：2 895 元
材质：榆木
设计说明：此款吧桌材质为百年老榆木加老铁，可调节高度。

Jefferson 书桌

品牌：Harbor House
型号：101835
规格：L1630mm × W910mm × H760mm
市场价：11 800 元
材质：松木、松木单板、环保人造板
风格：美式休闲

Cube 茶几

品牌：YAANG Design Ltd.
型号：FU-TT-C1B
规格：800mm × 480mm × 380mm
市场价：4 600 元
材质：木材、面料、铆钉
风格：现代
设计说明：华丽却低调的茶几带来了温暖质感的生活。

Harbor 咖啡桌

品牌：Harbor House
型号：101812
规格：L1200mm × W600mm × H460mm
市场价：6 380 元
材质：橡木、橡木单板、环保人造板
风格：美式休闲

箱子 / 茶几

品牌：博瑞奇
型号：2011XP-015
规格：600mm × 600mm × 600mm
市场价：2 127 元
材质：松木
设计说明：此款材质为老松木加老铁，可做茶几。

铸铝茶几

品牌：MOSMODE
规格：900mm × 600mm × H450mm
市场价：11 000 元
材质：铸铝
风格：现代
设计说明：视错觉造成的艺术独特形态。

咖啡桌

品牌：Paul Kolly
规格：H400mm × L130 × W900mm
市场价：8 000 元
材质：钢板烤漆 、玻璃、丙烯酸树脂

长桌

品牌：博瑞奇
型号：2013QJ-064
规格：2600mm × 1000mm × 780mm
市场价：8 522 元
材质：松木
设计说明：此款长桌材质为百年老榆木。

Lake Oak 咖啡桌

品牌：Harbor House
型号：100076
规格：L1390mm × W580mm × H490mm
市场价：6 680 元
材质：橡木、橡木单板、环保人造板
风格：美式休闲

Windsor 圆几（大）

品牌：Harbor House
型号：100045
规格：L610mm × W610mm × H710mm
市场价：2 980 元
材质：赤杨木、樱桃木单板、环保人造板
风格：美式休闲

回纹茶几

品牌：YAANG Design Ltd.
型号：FU-TT-Z1R
规格：500mm × 500mm × 450mm
市场价：2 600 元
材质：铁板烤漆
风格：现代
设计说明：如国画画卷，以一块钢板弯折而成。

安案

品牌：MOSMODE
规格：2400mm × 400mm × H900mm
市场价：11 000 元
材质：有机玻璃钢板
风格：新中式
设计说明：案同安，寓意平安之意。安案以现代的语汇勾勒传统的中式纹样。

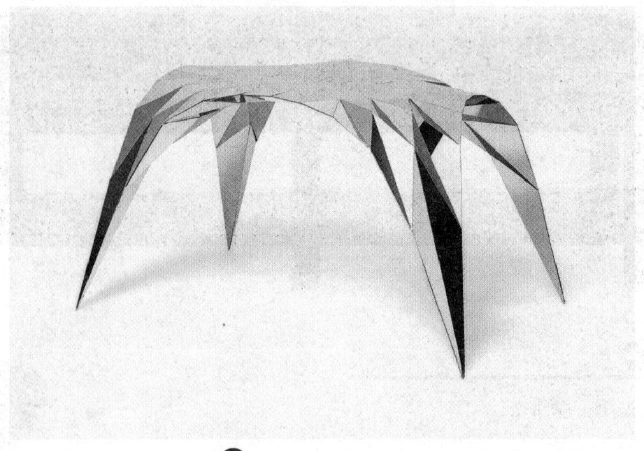

Moitié 桌

品牌：Morosof Design
型号：CO18
市场价：9 500 元
材质：橡木
风格：后现代主义
设计说明：一粗一细的桌腿使这张桌子看上去个性十足，是极简主义家具的典范。

SQN5-T 桌

品牌：张周捷
型号：限量版 18
规格：L1470mm × W870mm × H800mm
市场价：定制产品
材质：不锈钢、超镜面

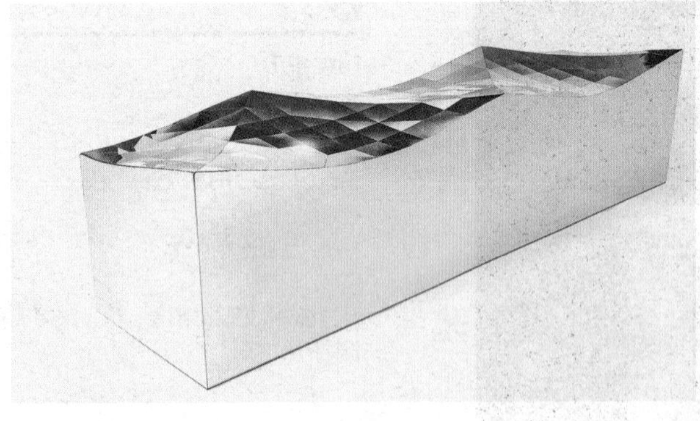

SQN7-T 桌

品牌：张周捷
型号：限量版 12
规格：L2200mm × W1000mm × H780mm
市场价：定制产品
材质：不锈钢、超镜面

La Petite Délirante

品牌：Morosof Design
型号：LT27
市场价：7 500 元
风格：后现代主义
材质：Oak & Stainless 橡木，不锈钢
设计说明：橡木的桌面，三根不锈钢桌脚，像是从外星球搬来的家具，是极简主义家具的典范。

SQN1-M 桌

品牌：张周捷
型号：限量版 12
规格：L2000mm × W500mm × H500mm
市场价：定制产品
材质：不锈钢、超镜面

桌子

品牌：蓦然回首
型号：42000036A
规格：730mm×500mm
市场价：2 588 元
材质：铁艺
产地：浙江

角几

品牌：DOMOS
型号：MJ068
规格：800mm×500mm×650mm
市场价：5 678 元
材质：法国榉木
风格：浪漫法式

茶桌

品牌：青木堂
型号：RJ92-14M-443
规格：1520mm×760mm×730mm
市场价：30 000 元
材质：花梨木
风格：现代东方
设计说明：整体以茶师居中主事、宾座环绕三方为设计，可多人入座饮甘品茗。因为将泡茶的工序与技艺视为一种展演，故将桌面分为上下两层，巧妙地为茶师营造出一个沏茶的舞台。下方中抽以不锈钢冲孔板为底板，隔板可清洗更换，有助于茶具通风沥水与收纳。上层桌面打弧形浅槽止水四溢，表面以防水、耐热性漆施作，并置一铜质排水孔，着实考虑生活细节。

小圆桌

品牌：物本造
型号：WBZ-07
规格：750mm×750mm×650mm
市场价：3 500 元
材质：美国白橡木
风格：新中式
设计说明：小圆桌的特点主要在腿部支架的结构上，树叉型的桌脚结点在三个节段上，但三点脚的分布是等边三角型，既有原生态的意味，又符合力学原理，是一次家具腿部受力结构的创新。

茶几

品牌：和信慧和家具
型号：MT-03
规格：1000mm×1000mm×460mm
市场价：4 680 元
材质：水曲柳
设计说明：水曲柳材质茶几融合了茶几与储物功能，更具有不俗的装饰效果，切面非常光滑，做工细腻，粗粮细作。

触茶几

型号：FU-TT-T2
规格：500mm×500mm×450mm
市场价：2 200 元
材质：拉丝不锈钢
风格：现代
设计说明：奢华的蕾丝花边也可以具有硬朗现代的气质。

方圆金石几

品牌：物本造
型号：WBZ-04
规格：1200mm×1200mm×410mm
市场价：17 250 元
材质：中华白大理石、金属钢架
风格：新中式
设计说明：此作品在材料使用上也是一次创新，台面为中华白大理石，石纹尤如山水泼墨，支架为金属烤漆仿制古铜的肌理。方与圆的结合也表现了阴阳理学以及国人的精神。

[扁舟子]船型茶台

品牌：物本造
型号：WBZ-01
规格：2200mm×550mm×700mm
市场价：15 500 元
材质：美国白橡木、乌金石
风格：新中式
设计说明：茶台椅采用北美进口橡木精制而成，将传统明式及北欧形式经现代手法结合而成，茶椅似船龙骨的形式，呼应了船型茶台的主题。2.2 米长的茶台较适合多人相聚而饮，海阔天空以茶论道。

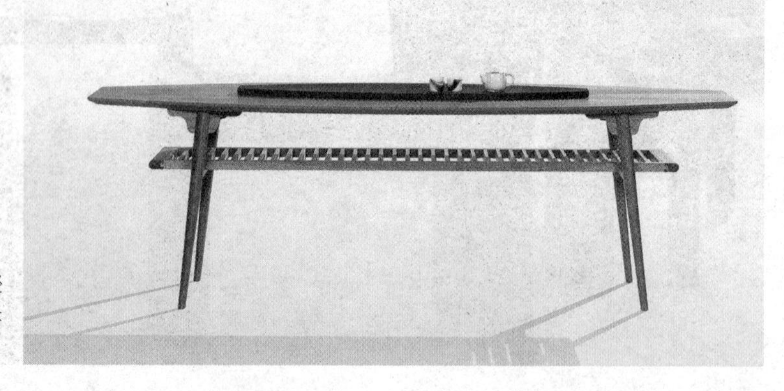

方圆间（休闲桌椅）

品牌：物本造
型号：WBZ-03
规格：（桌）1000mm×1000mm×700mm
（椅）580mm×580mm×700mm
市场价：20 200 元
材质：美国白橡木
风格：新中式
设计说明：方与圆概括了中国传统道家思想，天地万物以及人与事都可以通过阴阳理念归纳。
本作品用方与圆的理念，结合明式圈椅意象、北欧的结构以及现代人的视觉理念，将以上内容以简单的方型、圆型衍化为家具作品。
材料选用了上等水曲柳实木材，表面做了擦白工艺处理，使之更加清新淡雅。

混凝土控制台

品牌：Paul Kolly
规格：H850mm×W1000mm×D350mm
市场价：9 600 元
材质：混凝土、铜玻璃、丙烯酸树脂、胡桃木

蓝色书桌

品牌：Paul Kolly
规格：H850mm ×L1500mm × D700mm
市场价：21 500 元
材质：蓝色浇铸亚克力、桃花心木

焦糖·茶几

品牌：YAANG Design Ltd.
型号：FU-TT-C1
规格：500mm×500mm×450mm
市场价：6 800 元
材质：黄铜
风格：现代
设计说明：铜表面的特殊纹理如焦糖玛奇朵一样诱人。

叠·茶几

品牌：YAANG Design Ltd.
型号：FU-TT-P1G
规格：480mm×530mm×450mm
市场价：8 600 元
材质：铁板烤漆
风格：现代
设计说明：传统的中式三叠茶几显得如此时尚而优美。

双鱼回纹茶几

品牌：YAANG Design Ltd.
型号：FU-TT-Z3G
规格：500mm × 500mm × 450mm
市场价：3 200 元
材质：木材、丝绸
风格：现代
设计说明：黑色烤漆映衬着双鱼真丝面料，时尚而具东方色彩。

回纹茶几

品牌：YAANG Design Ltd.
型号：FU-TT-Z2G
规格：500mm × 500mm × 450mm
市场价：2 800 元
材质：铁板烤漆
风格：现代

玄关桌

品牌：青木堂
型号：R821-15M-443
规格：1520mm × 480mm × 890mm
市场价：15 600 元
材质：花梨木
风格：现代东方
设计说明：天然红木材料，传统榫接工艺，现代设计理念，可以传之百年的家庭器具，除了器物的使用价值，还附着文化价值，那就是设计师寄托在作品里的美好意愿。平面似海面，视线开阔，胸襟宽广；侧面如汉瓦，承天接福，给人遐想无限。平面与侧面之间以球体为连接，寓意小能搏大，静中有动。云纹装饰，日以云霞升腾，夜以彩云追月。敦厚形貌，朴实本性，最宜居促使家庭和睦。

黑金色书桌

品牌：Paul Kolly
规格：H800mm × L800mm × W400mm
市场价：12 000 元
材质：浇铸亚克力 、桃花心木、金色叶片金属面板

圆桌

品牌：蓦然回首
型号：40000332
规格：常规
市场价：3 780 元
材质：实木
产地：浙江

书桌

品牌：蓦然回首
型号：40000335
规格：常规
市场价：5 130 元
材质：实木
产地：浙江

茶几

品牌：和信慧和家具
型号：MT-24
规格：1280mm × 650mm × 450mm
市场价：3 150 元
材质：水曲柳
设计说明：中式茶几由天然水曲柳制作，表面光洁，纹理美观，材质软硬适中，尺寸适合大多家居布置，材质稳定，耐用性强。

玄关桌

品牌：青木堂
型号：R621-150-443
规格：1520mm × 480mm × 1050mm
市场价：18 000 元
材质：花梨木
风格：现代东方

圆几

品牌：和信慧和家具
型号：MT-21
规格：450mm × 450mm × 560mm
市场价：3 900 元
材质：水曲柳
设计说明：水曲柳质地的圆形中式茶几，造型简单百搭，漆上银色的漆后掩盖了材料本来的纹理轮廓，也不遮掩中式气息。

小姐桌

品牌：蓦然回首
型号：40000340
规格：常规
市场价：1 950 元
材质：实木
产地：浙江

丝竹·茶几

品牌：观塘景致有限公司
型号：AT5550N23GLA
规格：1100mm × 600mm × 430mm
市场价：5 460 元
材质：高密度聚乙烯藤
风格：新中式

茶几

品牌：和信慧和家具
型号：MT-18
规格：1400mm × 750mm × 450mm
市场价：4 200 元
材质：水曲柳
设计说明：茶几切面非常光滑，水曲柳质地耐腐蚀，耐水性能好，经染色及抛光后更具有实用性及良好的装饰性。

蜻蜓台子

品牌：蓦然回首
型号：A23000156
规格：1220mm × 450mm × 830mm
市场价：9 999 元
材质：金属
产地：浙江

圆几

品牌：和信慧和家具
型号：MT-19
规格：550mm × 550mm × 600mm
市场价：1 500 元
材质：水曲柳
设计说明：中式茶几小巧精致，水曲柳质地耐腐蚀，耐水性能好，经染色及抛光后更具有实用性及良好的装饰性。

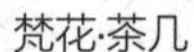

梵花·茶几

品牌：观塘景致有限公司
型号：AT5550A63GLA
规格：760mm × 430mm
市场价：4 900 元
材质：高密度聚乙烯藤
风格：新中式

茶几

品牌：和信慧和家具
型号：MT-26
规格：1350mm × 1350mm × 430mm
市场价：7 800 元
材质：水曲柳
设计说明：中式茶几由天然水曲柳制作，表面光洁，纹理美观，材质软硬适中，尺寸适合大多家居布置，材质稳定，耐用性强。

玄关桌

品牌：青木堂
型号：RJ20-150-443
规格：1500mm × 480mm × 910mm
市场价：16 800 元
材质：花梨木
风格：现代东方
设计说明：借由长方扁材两向宽窄面交错搭接及组构，展现层次与空间的秩序美感。

餐桌

品牌：传世
型号：13 RT-6187
规格：Φ1680mm × 760mm
市场价：46 160 元
材质：黑胡桃（或其他材料）
风格：现代
产地：苏州
颜色：木色

餐桌

品牌：传世
型号：12 RT-6187
规格：Φ1870mm × 760mm
市场价：48 080 元
材质：黑胡桃木、黑胡桃木面
风格：现代
产地：苏州
颜色：木色

餐桌

品牌：传世
型号：14 RT-6187
规格：Φ1380mm × 760mm
市场价：43 150 元
材质：黑胡桃木（或其他材料）
风格：现代
产地：苏州
颜色：木色

餐桌

品牌：传世
型号：16 DT-6970
规格：1840mm × 970mm × 760mm
市场价：30 900 元
材质：黑胡桃木
风格：现代
产地：苏州
颜色：木色

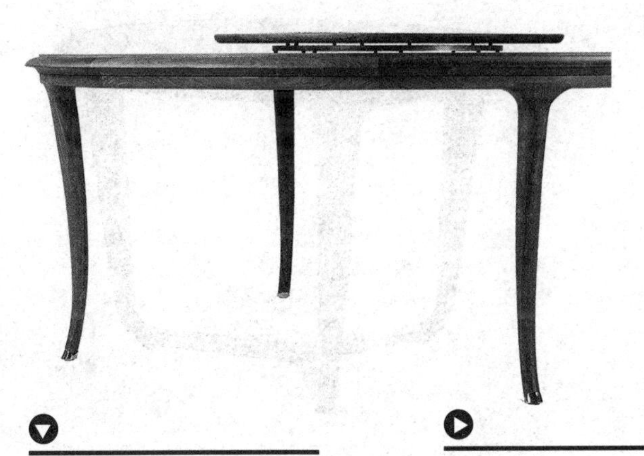

餐桌

品牌：传世
型号：17 DT-6930
规格：1600mm × 930mm × 760mm
市场价：27 400 元
材质：黑胡桃木
风格：现代
产地：苏州
颜色：木色

餐桌

品牌：传世
型号：15 DT-6970
规格：2140mm × 970mm × 760mm
市场价：32 690 元
材质：黑胡桃木
风格：现代
产地：苏州
颜色：木色

餐桌

品牌：传世
型号：20 DT-6940
规格：2140mm × 940mm × 760mm
市场价：30 042 元
材质：黑胡桃木
风格：现代
产地：苏州
颜色：木色

▲

餐桌

品牌：传世
型号：18 DT-6930
规格：1900mm × 930mm × 760mm
市场价：28 860 元
材质：黑胡桃木
风格：现代
产地：苏州
颜色：木色

▲

餐桌

品牌：传世
型号：19 DT-6940
规格：1180mm × 1180mm × 760mm
市场价：22 500 元
材质：黑胡桃木
风格：现代
产地：苏州
颜色：木色

◀

边几

品牌：传世
型号：54 RT-638
规格：Φ550mm × 450mm
市场价：4 530 元
材质：黑胡桃木、木面
风格：现代
产地：苏州
颜色：木色

▲

边几

品牌：传世
型号：53 RT-638
规格：Φ550mm × 360mm
市场价：4 270 元
材质：黑胡桃木
风格：现代
产地：苏州
颜色：木色

▲

边几

品牌：传世
型号：52 RT-638
规格：Φ900mm × 360mm
市场价：6 670 元
材质：黑胡桃木
风格：现代
产地：苏州
颜色：木色

书桌

品牌：传世
型号：21 DESK-6181
规格：2100mm × 870mm × 760mm
市场价：62 660 元
材质：黑胡桃木、皮面
风格：现代
产地：苏州
颜色：木色

书桌

品牌：传世
型号：22 DESK-6181
规格 1810mm × 870mm × 760mm
市场价：53 550 元
材质：黑胡桃木、皮面
风格：现代
产地：苏州
颜色：木色

书桌

品牌：传世
型号：23 DESK-6140
规格：1400mm × 700mm × 750mm
市场价：12 800 元
材质：黑胡桃木、皮面
风格：现代
产地：苏州
颜色：木色

边几

品牌：传世
型号：50 LT-6170
规格：1700mm × 1000mm × 350mm
市场价：8 440 元
材质：黑胡桃木
风格：现代
产地：苏州
颜色：木色

书桌

品牌：传世
型号：24 P-601
规格：1800mm × 450mm × 900mm
市场价：11 800 元
材质：黑胡桃木
风格：现代
产地：苏州
颜色：木色

边几

品牌：传世
型号：51 LT-6170
规格：1500mm × 1000mm × 350mm
市场价：7 680 元
材质：黑胡桃木
风格：现代
产地：苏州
颜色：木色

边几

品牌：传世
型号：56 RT-645
规格：Φ450mm×400mm
市场价：4 980 元
材质：黑胡桃木、黑檀木面
风格：现代
产地：苏州
颜色：木色

边几

品牌：传世
型号：55 RT-655
规格：Φ550mm×350mm
市场价：5 580 元
材质：黑胡桃木、黑檀木面
风格：现代
产地：苏州
颜色：木色

边几

品牌：传世
型号：57 RT-635
规格：Φ350mm×500mm
市场价：4 760 元
材质：黑胡桃木、黑檀木面
风格：现代
产地：苏州
颜色：木色

边几

品牌：传世
型号：58 LT-6600
规格：520mm×520mm×600mm
市场价：6 300 元
材质：黑胡桃木、茶色钢化玻璃
风格：现代
产地：苏州
颜色：木色

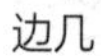

边几

品牌：传世
型号：59 LT-6600
规格：520mm×520mm×450mm
市场价：6 100 元
材质：黑胡桃木、茶色钢化玻璃
风格：现代
产地：苏州
颜色：木色

边几

品牌：传世
型号：60 RT-639
规格：630mm×660mm×550mm
市场价：8 350 元
材质：黑胡桃木、茶色钢化玻璃
风格：现代
产地：苏州
颜色：木色

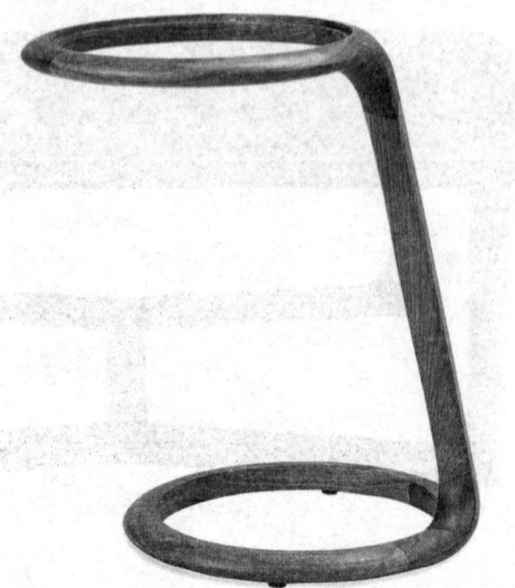

茶几

品牌：传世
型号：62 FS-655
规格：Φ400mm×650mm
市场价：4 010 元
材质：黑胡桃木、木面
风格：现代
产地：苏州
颜色：木色

茶几

品牌：传世
型号：63 FS-654
规格：440mm×350mm×540mm
市场价：3 940 元
材质：黑胡桃木
风格：现代
产地：苏州
颜色：木色

茶几

品牌：传世
型号：61 FS-655
规格：Φ400mm×550mm
市场价：3 820 元
材质：黑胡桃木、木面
风格：现代
产地：苏州
颜色：木色

茶几

品牌：传世
型号：64 RT-745
规格：Φ450mm × H450mm
市场价：5 376 元
材质：黑胡桃木
风格：现代
产地：苏州
颜色：木色

茶几

品牌：传世
型号：65 RT-745
规格：Φ550mm × H340mm
市场价：5 712 元
材质：黑胡桃木
风格：现代
产地：苏州
颜色：木色

茶几

品牌：传世
型号：66 FS-675
规格：1070mm × 400mm × 620mm
市场价：7 616 元
材质：黑胡桃木、皮革（马丁 -08）
风格：现代
产地：苏州
颜色：木色

茶几

品牌：传世
型号：67 LT-6360
规格：1000mm × 1000mm × 380mm
市场价：8 736 元
材质：黑胡桃木、皮革（马丁 -09）
风格：现代
产地：苏州
颜色：木色

茶几

品牌：传世
型号：68 FS-646
规格：380mm × 380mm × 460mm
市场价：3 990 元
材质：黑胡桃木
风格：现代
产地：苏州
颜色：木色

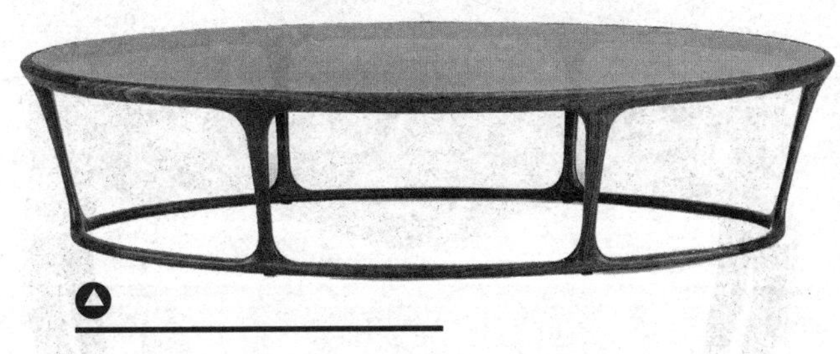

茶几

品牌：传世
型号：70 RT-650
规格：1800mm × 980mm × 400mm
市场价：14 560 元
材质：黑胡桃木、钢化玻璃
风格：现代
产地：苏州
颜色：木色

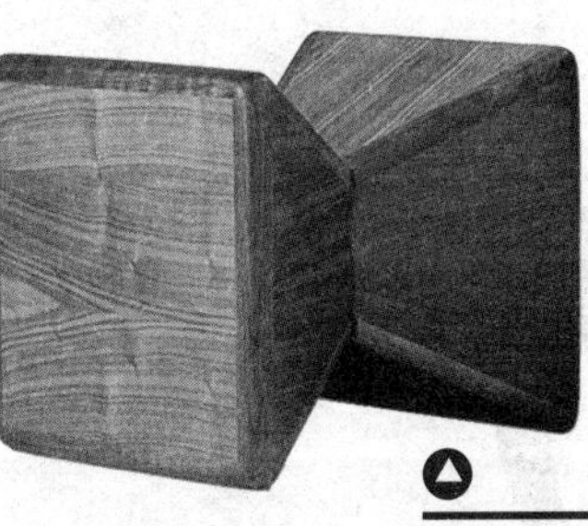

茶几

品牌：传世
型号：69 FS-646
规格：410mm × 410mm × 530mm
市场价：3 990 元
材质：黑胡桃木
风格：现代
产地：苏州
颜色：木色

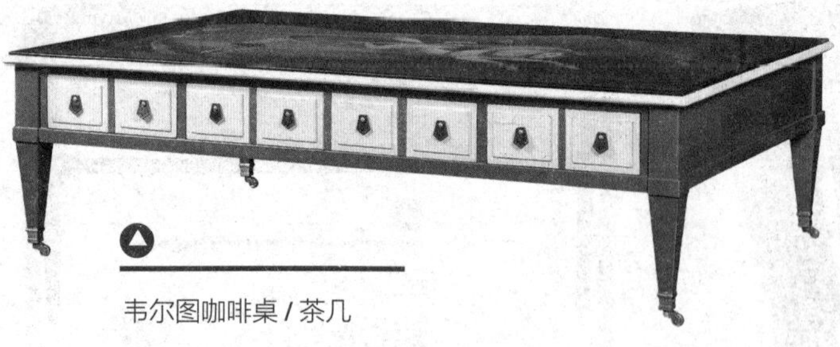

韦尔图咖啡桌 / 茶几

品牌：璐璐生活馆
型号：VT15
规格：1600mm × 1000mm × 450mm
市场价：13 999 元

三抽富豪案桌

品牌：璐璐生活馆
型号：CMC70
规格：1700mm × 860mm × 800mm
市场价：24 999 元

曼特农圆餐桌

品牌：璐璐生活馆
型号：MNT08
规格：1300mm × 1300mm × 760mm
市场价：28 999 元

马德里咖啡桌 / 茶几

品牌：璐璐生活馆
型号：MDR12
规格：1600mm × 1000mm × 420mm
市场价：17 999 元

香波餐台

品牌：璐璐生活馆
型号：CHA05
规格：2100mm × 1100mm × 770mm
市场价：23 999 元

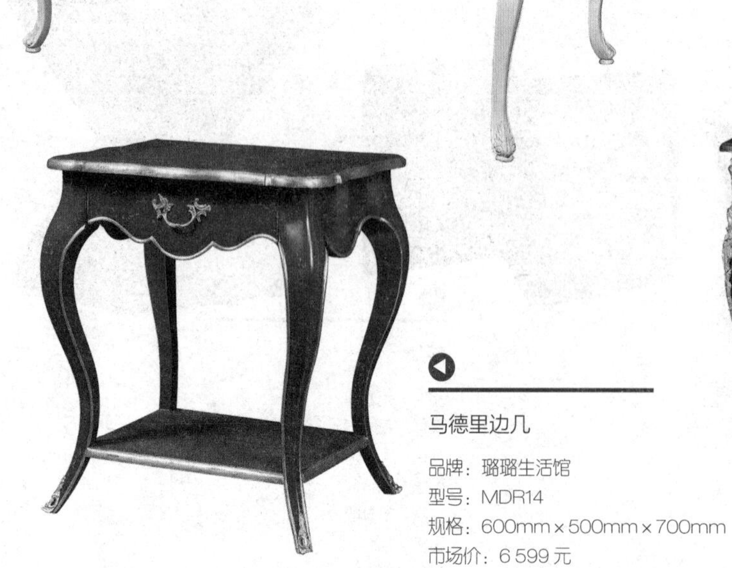

马德里边几

品牌：璐璐生活馆
型号：MDR14
规格：600mm × 500mm × 700mm
市场价：6 599 元

65 号长案几

品牌：璐璐生活馆
型号：CMC67
规格：1350mm × 470mm × 900mm
市场价：13 999 元

纯白书桌

品牌：香伯廷海派
型号：A（2）
规格：1406mm×810mm×500mm
市场价：定制产品
材质：木材
风格：欧式新古典
设计说明：书桌通体纯白，桌腿采用流畅的曲线形，桌子三周的装饰围栏与桌腿互相呼应。

双斗茶几

品牌：香伯廷海派
型号：A (9) 双斗
规格：1000mm×500mm×700mm
市场价：定制产品
材质：木材
风格：欧式新古典
设计说明：双斗茶几大部分使用深色，四周采用浅色的编织纹路，十分亮眼。

风景玄关

品牌：香伯廷海派
型号：A (2) 风景玄关
规格：1000mm×500mm×1000mm
市场价：定制产品
材质：木材
风格：欧式新古典
设计说明：玄关桌底座与桌面使用圆形与交叉图案交接，使用木材，复古典雅。

单斗茶几

品牌：香伯廷海派
型号：A（6）
规格：650mm×500mm×690mm
市场价：定制产品
材质：木材
风格：欧式新古典
设计说明：单斗茶几大部分使用深色，四周采用浅色的编织纹路，十分亮眼。

长餐桌

品牌：香伯廷海派
型号：A（10）
规格：1200mm×500mm×700mm
市场价：定制产品
材质：木材
风格：欧式新古典
设计说明：餐桌使用凝重的深色，线条简约而不失稳重。

水晶长桌

品牌：香伯廷海派
型号：A（31）0
规格：1200mm×500mm×700mm
市场价：定制产品
材质：木材、水晶
风格：欧式新古典
设计说明：桌角的透明水晶，质地别致新颖，桌面使用木材质，整体搭配沉稳内敛。

中式红茶几

品牌：香伯廷海派
型号：B（8）
规格：550mm×550mm×400mm
市场价：定制产品
材质：木材
风格：欧式新古典
设计说明：桌面上有圆形图案，采用传统的方形造型，符合“天圆地方”的学说。

金色圆桌

品牌：香伯廷海派
型号：B（16）
规格：600mm×600mm×400mm
市场价：定制产品
材质：木材
风格：欧式新古典
设计说明：圆桌使用金色，显得高贵华丽，除了用6根桌腿做支撑外，底部还有一个圆形与桌面相呼应。

方形餐桌

品牌：香伯廷海派
型号：A
规格：1200mm×1200mm×600mm
市场价：定制产品
材质：木材
风格：欧式新古典
设计说明：餐桌桌面方正大气，底部由8根透明立柱支撑，底呈圆形，整体造型显得大气华贵

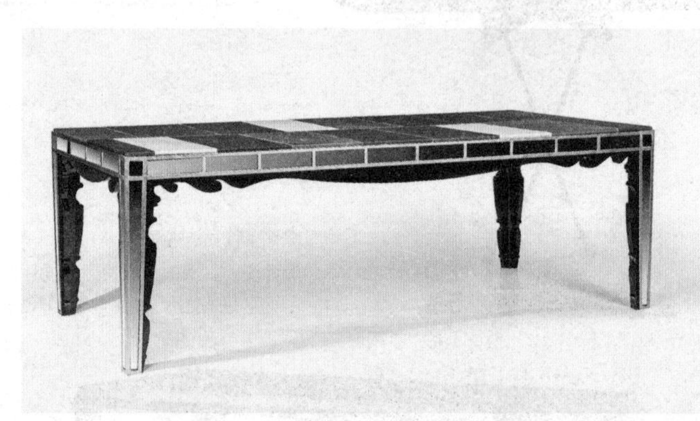

长形马赛克桌面餐桌

品牌：香伯廷海派
型号：B1
规格：1200mm×600mm×500mm
市场价：定制产品
材质：木材
风格：欧式新古典
设计说明：马赛克桌面图案别致洋气，大块的马赛克使桌面显得干净透亮，也能打造家居的鲜活生机。

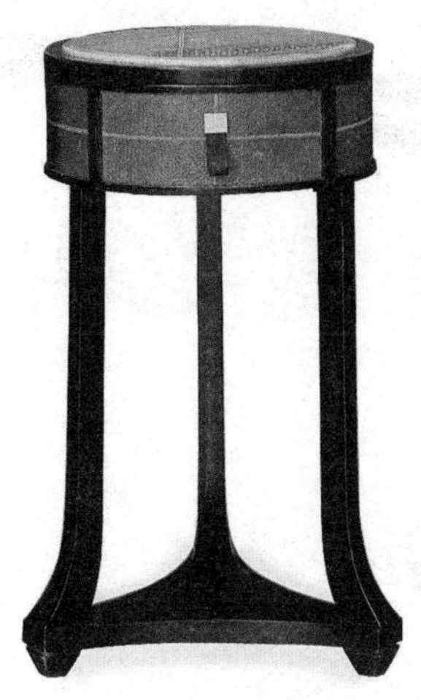

圆几

品牌：香伯廷海派
型号：1014
规格：400mm×670mm
市场价：8 550 元
材质：深木色七分光，台面松香玉大理石，（PE+PU）漆面，边缘树榴木皮七分光，侧围板贴皮 LLAE9133 号
风格：欧式新古典
设计说明：这款圆几线条简约，两边的几腿呈弯曲状，像是人休息时的站姿，颇为形象。

香奈儿书桌

品牌：香伯廷海派
型号：1006
规格：1660mm×700mm×780mm
材质：柜体黑檀木皮七分光，拉 2mm×3mm 工艺槽（香槟金不锈钢内嵌），柜内黑色油漆，抽屉内部整体贴西南桦木皮，脚部不锈钢线切割电镀香槟金，台面木皮拼花（黑檀木皮七分光、白影木皮钩边七分光），香槟金不锈钢包边
市场价：定制产品
风格：欧式新古典
设计说明：这款书桌将香奈儿双 C 标志直接呈现于书桌外立面中部，让人一眼就看到该标志，而两边柜体则采用黑檀木皮点缀，高贵典雅。

性感边桌

品牌：香伯廷海派
型号：1015
规格：1040mm×1049mm×390mm
市场价：定制产品
材质：大理石、铆钉
风格：欧式新古典
设计说明：这款边桌采用了浅色大理石作为台面，在艳丽的红色桌腿的衬托下朴素有余，桌腿和桌立面的线条性感无比。

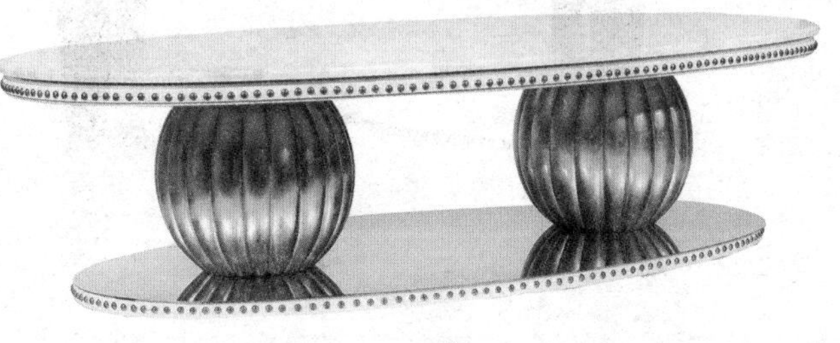

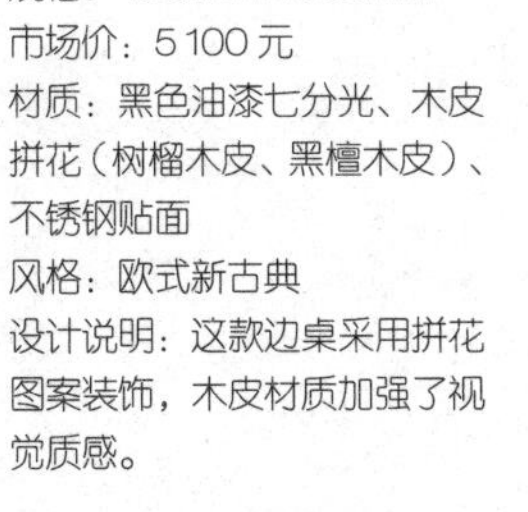

拼花边桌

品牌：香伯廷海派
型号：1016
规格：480mm×630mm
市场价：5 100 元
材质：黑色油漆七分光、木皮拼花（树榴木皮、黑檀木皮）、不锈钢贴面
风格：欧式新古典
设计说明：这款边桌采用拼花图案装饰，木皮材质加强了视觉质感。

南瓜桌

品牌：香伯廷海派
型号：1017
规格：650mm×200mm
市场价：定制产品
材质：金属、铆钉
风格：欧式新古典
设计说明：两只南瓜形状的金色球体作为桌面和桌体底部的支撑，起到了装饰作用的同时又连接起了整体，使之成为了一个独立的可使用的桌子，创意十足。

小圆几

品牌：香伯廷海派
型号：1021
规格：480mm × 630mm
市场价：定制产品
材质：木材
风格：欧式新古典
设计说明：大圆作为桌面，小圆作为桌体底部支撑，上下对称，中间则用几何体连接，个性十足。

玄关桌

品牌：香伯廷海派
型号：1034
规格：1130mm × 500mm × 925mm
市场价：13 500 元
材质：台面中间松香玉大理石（PE+PU 漆面），边缘黑檀木皮，底座手工黑檀，玫瑰金镜面不锈钢
风格：欧式新古典
设计说明：香奈儿双 C 标志可见于桌台和底部连接处，兼具装饰性与功能性，同时又彰显品牌特色。

不规则桌

品牌：香伯廷海派
型号：1038
规格：1400mm × 500mm
市场价：13 500 元
材质：深色木材
风格：欧式新古典
设计说明：这款桌子的独特之处在于桌腿设计的不对称造型，两条弯曲的桌腿对应两条直线桌腿，看上去趣味非常。

雕花餐台

品牌：香伯廷海派
型号：1040
规格：500mm × 390mm
市场价：定制产品
材质：金属、镂空雕花
风格：欧式新古典
设计说明：镂空雕花的金属桌脚支撑质感十足，散发着冷酷个性，圆形台面上亦极具装饰性。

深色矮几

品牌：香伯廷海派
型号：A（13）
规格：500mm × 500mm × 650mm
市场价：定制产品
材质：木材
风格：欧式新古典
设计说明：矮几正方形，深棕色，亮点在四个角里，每个角都有个小滚轮，方便主人将它轻松移动。

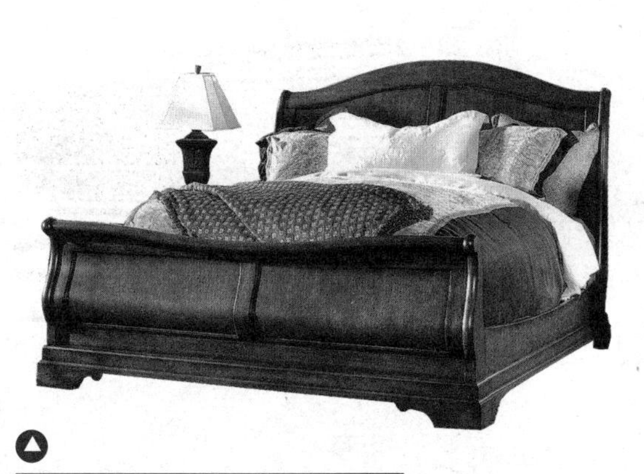

雪橇皇后床

品牌：fine
型号：320 - 352，352，353
规格：1694mm×2426mm×1458mm
市场价：33 110 元
材质：樱桃木贴面、核桃木实木
风格：美式
产地：上海
颜色：棕色

装饰平靠皇帝床

品牌：fine
型号：410-567.568.569
规格：2146mm×2340mm×1702mm
市场价：38 500 元
材质：树瘤贴面、核桃木实木
风格：美式
产地：上海
颜色：棕色

卡洛琳平靠皇后床

品牌：fine
型号：320-551，552，553
规格：1686mm×2261mm×1499mm
市场价：27 200 元
材质：樱桃木贴面、核桃木实木
风格：美式
产地：上海
颜色：棕色

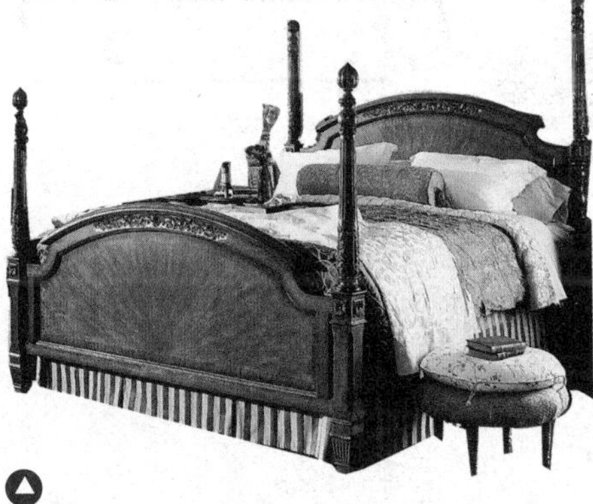

庄园式四柱皇帝床

品牌：fine
型号：320-467，468，469
规格：2086mm×2261mm×2032mm
市场价：35 720 元
材质：樱桃木贴面，核桃木实木
风格：美式
产地：上海
颜色：棕色

官邸皇帝床

品牌：fine
型号：920-467，468，469
规格：2172mm×2362mm×2057mm
市场价：33 100 元
材质：北美鹅掌楸、核桃木实木、枫木装饰
风格：美式
产地：上海
颜色：棕色

香波床

品牌：璐璐生活
型号：CHA10
规格：2150mm×2000mm×1220mm
市场价：35 999 元

床

品牌：传世
型号：42 BED-6102
规格：L2200mm×W2140mm×H1020mm
（床垫 2000mm×1800mm×250mm）
市场价：33 710 元
材质：黑胡桃木、皮革
风格：现代
产地：苏州
颜色：木色

床

品牌：传世
型号：43 BED-6102
规格：L2200mm×W1840mm×H1020mm
（床垫 2000mm×1500mm×250mm）
市场价：30 150 元
材质：黑胡桃木、皮革
风格：现代
产地：苏州
颜色：木色

床

品牌：传世
型号：45 BED-6104A
规格：L2100mm×W2180mm×H1040mm
（床垫 2000mm×1500mm×250mm）
市场价：36 680 元
材质：黑胡桃木
风格：现代
产地：苏州
颜色：木色

床

品牌：传世
型号：44 BED-6104A
规格：L2100mm×W2480mm×H1040mm
（床垫 2000mm×1800mm×250mm）
市场价：40 050 元
材质：黑胡桃木
风格：现代
产地：苏州
颜色：木色

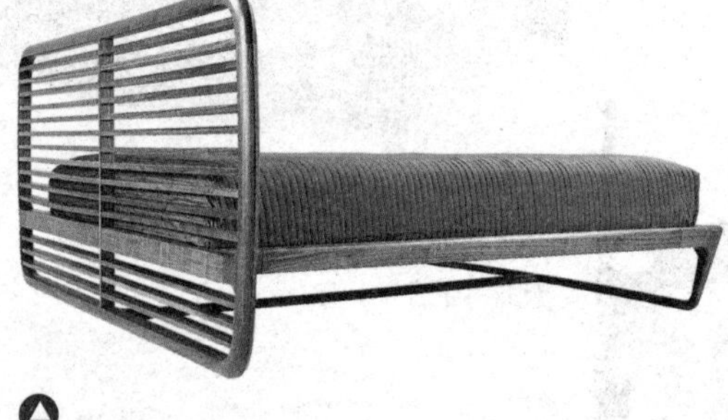

床

品牌：传世
型号：46 BED-6104A
规格：L2100mm×W2480mm×H1040mm
（床垫 2000mm×1800mm×250mm）
市场价：42 190 元
材质：黑胡桃木、皮革
风格：现代
产地：苏州
颜色：木色

床

品牌：传世
型号：48 BED-6105
规格：2295mm×1646mm×912
内空 2020mm×1520mm
市场价：38 730 元
材质：黑胡桃木、皮革
风格：现代
产地：苏州
颜色：木色

Mendocino 四柱床

品牌：Harbor House
型号：101785
规格：L2200mm×W1970mm×H2010mm
市场价：13 800 元
材质：橡胶木、桃花芯单板、环保人造板
风格：美式休闲

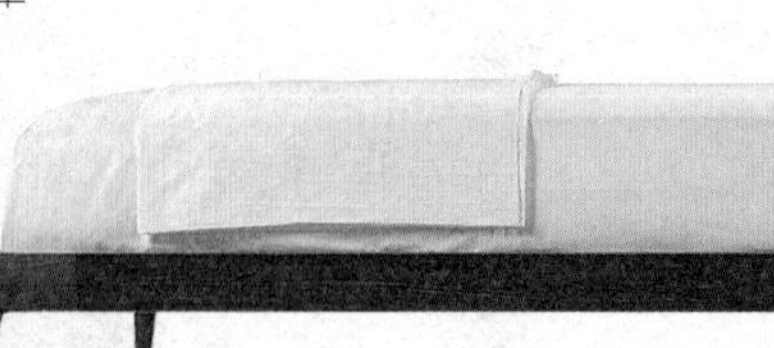

床

品牌：传世
型号：49 BED-6105
规格：2295mm×1946mm×912mm
内空 2020mm×1820mm
市场价：42 560 元
材质：黑胡桃木、皮革
风格：现代
产地：苏州
颜色：木色

“博爱”·铜艺雕塑

品牌：物本造
型号：WBZ-13
规格：1200mm×200mm×250mm
市场价：28 000 元
材质：黄铜、黑白根大理石

花架

品牌：和信慧和家具
型号：MT-06
规格 400mm×400mm×920mm
市场价：675 元
材质：水曲柳

花样年华·屏风

品牌：YAANG Design Ltd.
型号：FU-FS-X1P
规格：2000mm×1700mm×35mm
市场价：12 800 元
材质：木材、丝绸
风格：现代
设计说明：黑色实木与粉色丝绸的组合就像上海一般迷人。

双喜·屏风

品牌：YAANG Design Ltd.
型号：FU-FS-X1
规格：2000mm×1700mm×35mm
市场价：26 000 元
材质：黄铜、实木
风格：现代
设计说明：传统结构形式的屏风混搭了波普的中西文化。

归一·玄关台

品牌：物本造
型号：WBZ-05
规格：2400mm×400mm×1000mm
市场价：11 000 元
材质：水曲柳山纹开放漆、白色高亮光、古铜配件
风格：新中式
设计说明：在中国道家思想中宇宙万物皆可归一，一个“一”字可衍化万物。本设计强化台面的“一”形态，黑白两色给人以时尚感，铜心镜点出中国元素，设计的亮点在于上下结合处的结构，不是传统木作结构方式，非常新颖。木纹与烤漆色的撞击，再配古铜配件，简洁中透着韵味。

富春山居·花器

品牌：物本造
型号：WBZ-12
规格：600mm×250mm×200mm
市场价：1 980 元
材质：树脂（亮白）

罗汉床

品牌：和信慧和家具
型号：MT-01
规格：2000mm × 1000mm × 860mm
市场价：4 320 元
材质：水曲柳
设计说明：罗汉床腿弯曲度大，似兜转力，三屏风式靠背华丽非常，正面靠背装入三块大理石，提高罗汉床自身的装饰价值，产品工艺精益求精。

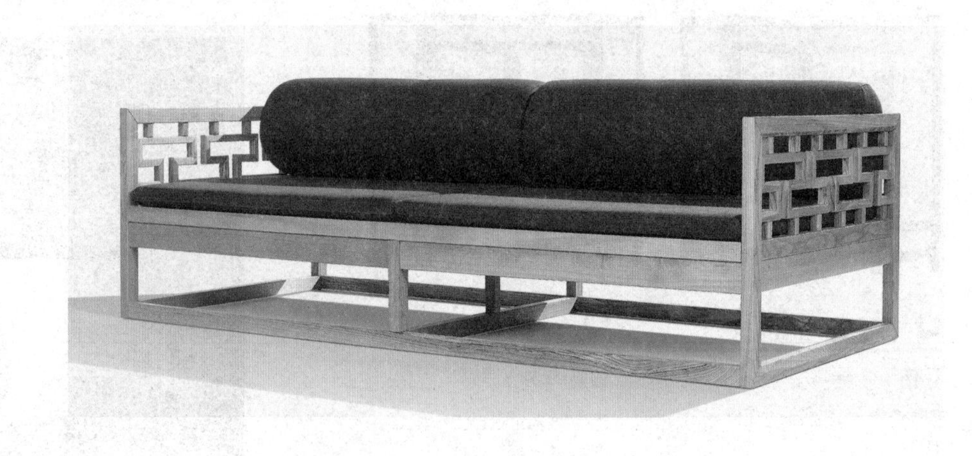

穿衣镜

品牌：青木堂
型号：R682-A30-443
规格：390mm × 470mm × 1520mm
市场价：7 500 元
材质：花梨木
风格：现代东方
设计说明：备有三种倾角可调，后方空间可吊挂衣物，体贴还拿不定主意的心。边角也供随性披挂使用，领带、丝巾到帽饰，搭配变化更轻易。

罗汉禅床

品牌：物本造
型号：WBZ-09
规格：2200mm × 1000mm × 750mm
市场价：19 800 元
材质：榆木
风格：新中式

花架

品牌：和信慧和家具
型号：MT-05
规格：360mm × 360mm × 1420mm
市场价：900 元
材质：水曲柳
设计说明：水曲柳材质花架简约高雅，可以搭配任何色彩以及形态的植物。花架形态简单，方便打理。

挂架

品牌：青木堂
型号：R681-750-443
规格：644mm×370mm×888mm
市场价：4 000元
材质：花梨木
风格：现代东方
设计说明：将设计美学完满地融入生活，展现品味与涵养，而微微扬起的角度，除了原本简单的披挂功能外，更像一种温和虔诚的关爱，如木之天性，精神饱满又敦厚朴实。架身灵活的饰盒，可根据不同需求重设大小，可放置首饰、眼镜等零碎而重要的对象，让那些可能变成困扰的瞬间，以及杂乱而零碎的画面，从这件披挂架开始，变得井井有条，单纯完美。

伦勃朗餐座椅

品牌：伦勃朗
型号：MBK-0836(1+2+4)
市场价：按门店价格
材质：水曲柳木头、中纤板、优质布料、黄铜铸件、天然云龙石
风格：欧式
设计说明：纯黄铜铸件采用水溶电镀玫瑰金、银，及进口优质布料、天然云龙石作搭配，尽显奢华。

棋祥衣帽架

品牌：青木堂
型号：RJ81-750-443
规格：470mm×370mm×1755mm
市场价：6 200元
材质：花梨木
风格：现代东方
设计说明："祺祥"，幸福吉祥一语道出了器物的本质与人们的丰富情感，亦表达了生活的宗旨。以细心的展现柔美曲线和饱满造型传达出器物的意念，并赋予实用机能，有序地提供吊、挂、摆、置，四种不同的使用方式。

伫立于一隅散发着美好生活的氛围，也呈现出安泰无忧的气息；除了能提供艺术装饰性，更在某时某地里等候着您，为您服务。

伦勃朗沙发和桌子

品牌：伦勃朗
型号：MBK-087-2(1+2)
市场价：按门店价格
材质：水曲柳木头、中纤板、优质布料、黄铜铸件、天然云龙石
风格：欧式

屏风

品牌：青木堂
型号：RK21-B10-443
规格：1200mm×350mm×1750mm
市场价：6 000元
材质：花梨木
风格：现代东方

伦勃朗餐座椅

品牌：伦勃朗
型号：MBK-2836-2(1+6)
市场价：按门店价格
材质：水曲柳木头、中纤板、优质布料、黄铜铸件
风格：欧式

伦勃朗沙发和桌子

品牌：伦勃朗
型号：KT-288(2+3)
市场价：按门店价格
材质：水曲柳木头、中纤板、优质布料、黄铜铸件
风格：欧式
设计说明：纯黄铜铸件采用水溶电镀24K金、银，采用进口优质布料、天然大理石作搭配，尽显奢华。

伦勃朗餐边柜

品牌：伦勃朗
型号：MBK-2888&MBK-2899
市场价：按门店价格
材质：水曲柳木头、中纤板、优质布料、黄铜铸件
风格：欧式

伦勃朗书房组合

品牌：伦勃朗
型号：KT-483（1+2+3）
市场价：按门店价格
材质：水曲柳木头、中纤板、优质布料、黄铜铸件
风格：欧式

伦勃朗卧室组合

品牌：伦勃朗
型号：MBK-9838 套房
市场价：按门店价格
材质：水曲柳木头、中纤板、优质布料、黄铜铸件
风格：欧式

伦勃朗客厅组合

品牌：伦勃朗
型号：MBK-4883（套）
市场价：按门店价格
材质：水曲柳木头、中纤板、优质布料、黄铜铸件
风格：欧式

银灰色高靠背床

品牌：香伯廷海派
型号：A（3）
规格：2034mm×2130mm×1850mm
市场价：定制产品
材质：软包，木材
风格：欧式新古典
设计说明：床的靠背配以和床身同一色系的厚靠垫，皮质更显档次，银色展示高贵，整体看上去也更简单协调。

软床

品牌：香伯廷海派
型号：1004
规格：2165mm×2078mm×1300mm
市场价：定制产品
材质：软包、棉布
风格：欧式新古典
设计说明：米色软包从床靠背一直延伸到床身，素净的色彩增强了床体给人的柔软感，白色床品与之相衬，犹如漫游于云端。

粉色高靠背床

品牌：香伯廷海派
型号：A (4) 爱玛仕床场景
规格：2034mm×2130mm×1850mm
市场价：定制产品
材质：软包，木材
风格：欧式新古典
设计说明：床的靠背配以和床身同一色系的厚靠垫，皮质更显档次，粉色展示浪漫，整体看上去也更简单协调。

书架

品牌：传世
型号：90 BS-6227
规格：1300mm × 600mm × 2190mm
市场价：27 560 元
材质：黑胡桃
风格：现代
产地：苏州
颜色：木色

花架

品牌：传世
型号：91 WV-6184
规格：Φ550mm × 1840mm
市场价：17 600 元
材质：黑胡桃
风格：现代
产地：苏州
颜色：木色

梳妆台

品牌：传世
型号：93 DT-6107
规格：1070mm × 710mm × 780mm
市场价：16 980 元
材质：黑胡桃、茶色钢化玻璃
风格：现代
产地：苏州
颜色：木色

穿衣镜

品牌：传世
型号：92 DM-6625
规格：1800mm × 625mm × 70mm
市场价：18 144 元
材质：黑胡桃、茶色钢化玻璃
风格：现代
产地：苏州
颜色：木色

甜美梳妆桌

品牌：香伯廷海派
型号：A（16）
规格：1000mm × 500mm × 700mm
市场价：定制产品
材质：木材
风格：欧式新古典
设计说明：梳妆桌色彩、造型清新甜美，足够让女主人在桌前流连忘返。

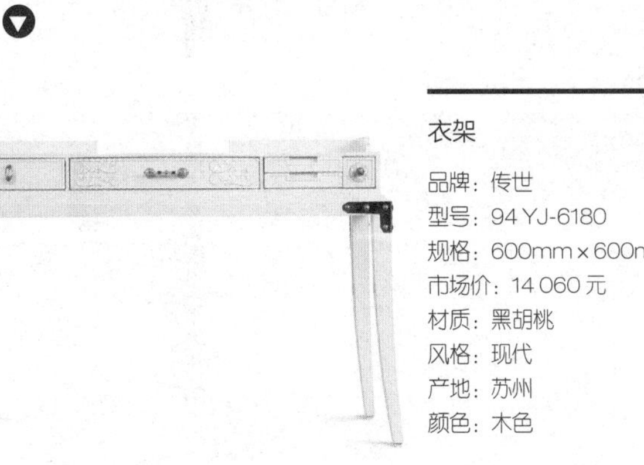

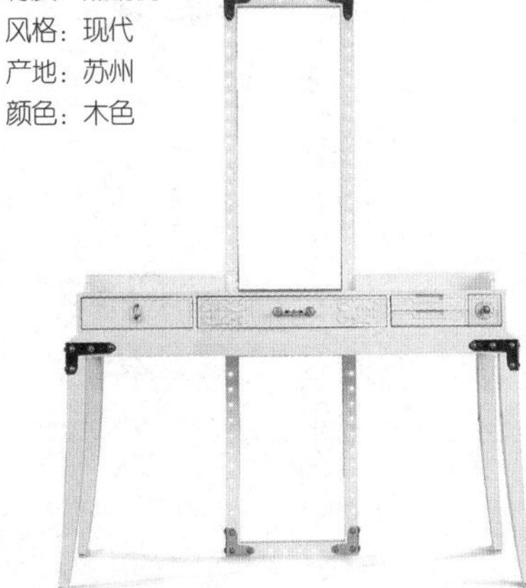

梳妆桌镜套组

品牌：香伯廷海派
型号：A（15）
规格：500mm × 500mm × 620mm
市场价：定制产品
材质：木材
风格：欧式新古典
设计说明：白色的梳妆台与白色边框的穿衣镜巧妙的结合在一起，优雅大方。

衣架

品牌：传世
型号：94 YJ-6180
规格：600mm × 600mm × 1800mm
市场价：14 060 元
材质：黑胡桃
风格：现代
产地：苏州
颜色：木色

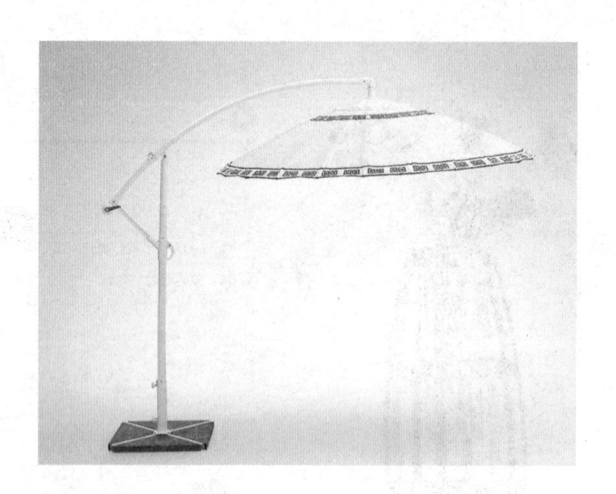

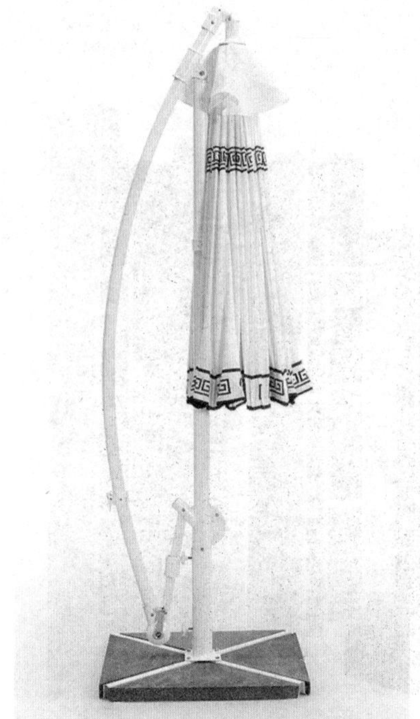

回纹弯臂伞

品牌：观塘景致有限公司
型号：AU8002N05TEX
规格：Φ3000mm，闭合：2210mm，撑开：2480mm
市场价：4 600 元
材质：高密度聚乙烯藤
风格：新中式
设计说明：伞骨设计精巧便利，弯臂往上推至顶端后按下卡口，圆形固定圈推至下方后，弧形扳手往下扳紧，最后转动把手，撑开整个伞面。

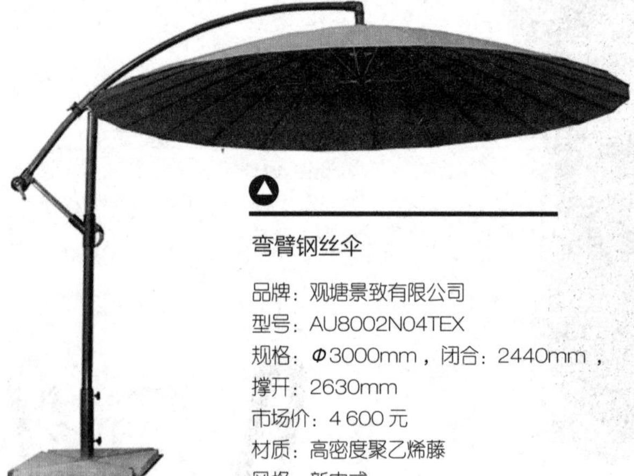

弯臂钢丝伞

品牌：观塘景致有限公司
型号：AU8002N04TEX
规格：Φ3000mm，闭合：2440mm，撑开：2630mm
市场价：4 600 元
材质：高密度聚乙烯藤
风格：新中式

钢丝伞

品牌：观塘景致有限公司
型号：AU8002N03TEX
规格：Φ2740mm × H2450mm
市场价：2 900 元
材质：高密度聚乙烯藤
风格：新中式

回纹钢丝伞

品牌：观塘景致有限公司
型号：AU8002N01TEX
规格：Φ2700mm × H2450mm
市场价：2 900 元
材质：高密度聚乙烯藤
风格：新中式

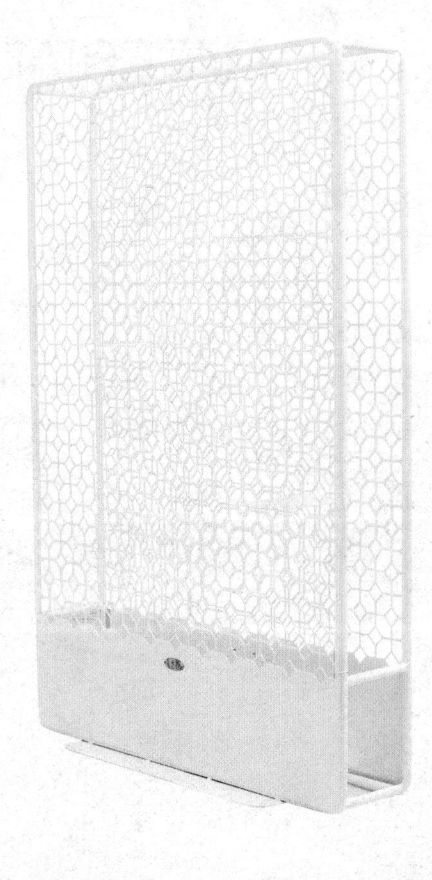

花架

品牌：观塘景致有限公司
型号：ZT6501N03SHF
规格：1200mm×400mm×1700mm
市场价：4 500 元
材质：高密度聚乙烯藤
风格：新中式
设计说明：设计思路来源于中国传统的窗格形式，六边形的花格，以镂空形式体现出中国传统居家文化的独特魅力，造型简朴优美，格调高雅内敛，这种追求修身养性的生活境界，体现出空间唯美的诗意。隔断了空间，隔不断空间之美……镂空窗格的通透性，不会封闭植物的生长，从窗格中伸出绿色的枝叶，格外生动。

软装素材宝典

VALUABLE BOOK

ABOUT SOFT FURNISHING

MATERIALS

灯具 / Lamps and lanterns

灯具，是指能透光、分配和改变光源分布的器具，包括除光源外所有用于固定和保护光源所需的全部零部件，以及与电源连接所必需的线路附件。

现代装饰设计中，灯具的作用除了照明之外，更多的时候起到的是装饰作用。软装设计师学习灯具知识首先要了解各种灯具的工艺风格、功能造价，最终能为空间选配价格、风格都适合的灯具。

灯具的选择不仅仅涉及安全省电，还会涉及灯具的材质、种类、风格、品位等诸多因素。一个好的灯具，可能一下子会成为装饰空间的灵魂，让你的室内空间熠熠生辉，富贵、小资、文艺、温馨等情趣表达都可以通过灯具展现。灯具的选择，首先，要具备可观赏性，要求材选优质，造型别致，色彩丰富；其次，就是要求与营造的风格氛围相统一；再者，布光形式要经过精心设计，注重与空间、家具、陈设等配套装饰相协调；最后，还需突出个性，光源的色彩按用户需要营造出特定的气氛，如热烈、沉稳、安适、宁静、祥和等。

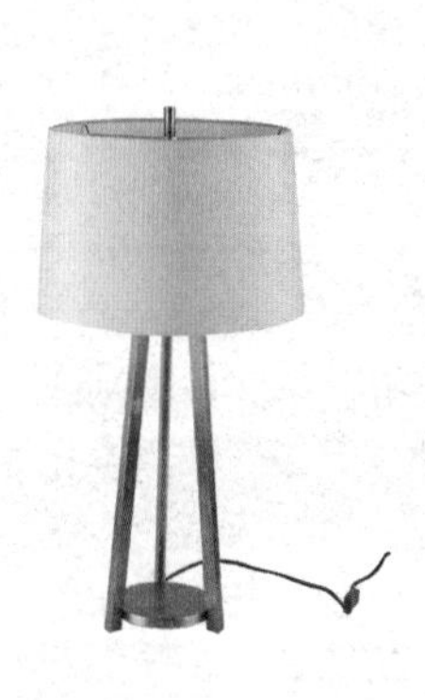

壁灯

墙灯装置（无光）

品牌：Angela Adrdisson
型号：PH－14
市场价：53 600 元
材质：涂铝

墙灯装置（有光）

品牌：Angela Adrdisson
型号：PH－15
市场价：80 400 元
材质：涂铝

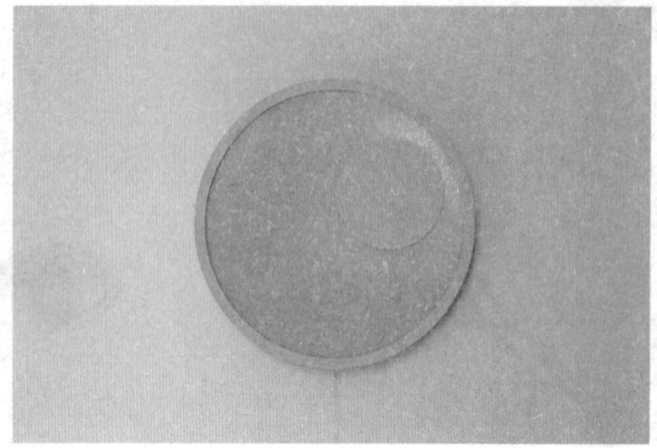

KOLO 科洛

品牌：Gang Design
型号：科洛磁铁
规格：Φ400mm
LED 灯 3 W 240 lm，欧洲插头
市场价：3 160 元
材质：胶合板、磁铁、有机玻璃

KOLO 科洛

品牌：Gang Design
型号：科洛沙盘
规格：Φ 55 0mm，LED, 5 瓦特，440 lm，欧洲插头
市场价：3 160 元
材质：胶合板、磁铁、有机玻璃

壁灯

品牌：琪朗灯饰
型号：MB13003013-1A
规格：L120mm × W103mm × H126mm
市场价：474 元
材质：清光
颜色：镀铬

壁灯

品牌：琪朗灯饰
型号：MB13003032-3A
规格：L260mm × W250mm × H80mm
市场价：1 146 元
材质：清光
颜色：电镀

壁灯

品牌：琪朗灯饰
型号：MB13003013-2A
规格：L180mm × W120mm × H126mm
市场价：747 元
材质：清光
颜色：镀铬

Williams 双壁灯

品牌：琪朗灯饰
型号：102012
规格：W 381mm × H216mm; 底座边 L121mm
市场价：2 680 元
材质：灯体：铜；灯罩：玻璃
风格：美式休闲

金色铁质亚麻灯罩壁灯（最大 60 瓦灯泡）

品牌：可立特家居
型号：DA3034
规格：L585mm × H838mm
市场价：1 499 元
材质：铁、亚麻
风格：轻奢都市

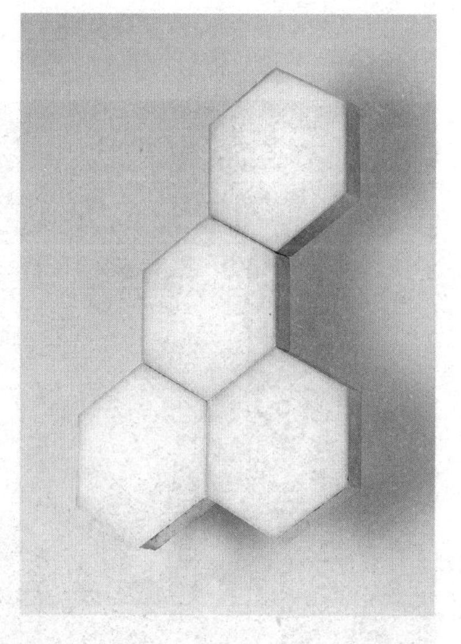

壁灯

品牌：琪朗灯饰
型号：MB13003032-4A
规格：L360mm × W250mm × H80mm
市场价：1 494 元
材质：清光
颜色：镀铬

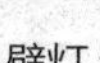

壁灯

品牌：琪朗灯饰
型号：MB13003013-3A
规格：L180mm × W120mm × H126mm
市场价：1 044 元
材质：清光
颜色：镀铬

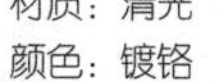

壁灯

品牌：琪朗灯饰
型号：MB14009016-2A
规格：L280mm×W137mm×H105mm
市场价：987 元
材质：五金镀铬、玻璃清光

壁灯

品牌：琪朗灯饰
型号：MB14009016-3A
规格：L430mm×W137mm×H105mm
市场价：1 356 元
材质：五金镀铬、玻璃清光

壁灯

品牌：琪朗灯饰
型号：MB12009018-3C
规格：L310mm×W270mm×H490mm
市场价：1 068 元
材质：清光
颜色：电镀

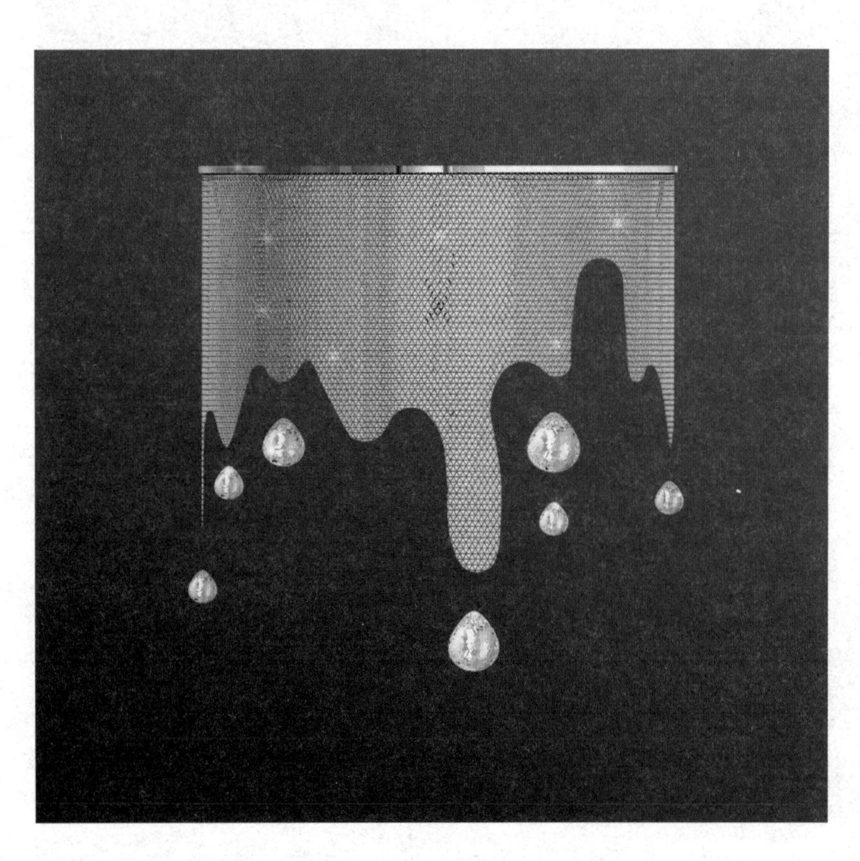

倾泻·壁灯

品牌：姜晶
市场价：定制产品

吊灯

Plika 吊灯

品牌：Gang Design
型号：红色大杂烩
规格：L1100mm, 2kg 包含节能灯泡
市场价：1 360 元
材质：陶瓷、丙烯纤维

吊灯

品牌：Angela Adrdisson
型号：PH-17
市场价：53 600 元
材质：涂铝

吊灯

品牌：Cloud
型号：PH_11
规格：400mm × 400mm × 35 0mm
材质：玻璃、钢
设计：Jonas Wagell

宝塔·吊灯

品牌：Angela Adrdisson
型号：PH_11
市场价：107 200 元
材质：银铜

巢·可弯曲吊灯

品牌：Angela Adrdisson
型号：PH-21
市场价：53 600 元
材质：柳条
颜色：镀铬

吊灯

品牌：Angela Adrdisson
型号：PH_13
市场价：5 360 元
材质：青铜

Maria S.C. Chandelier 玛丽亚 S.C 吊灯

品牌：Gang Design
型号：双排
规格：e-27 灯泡 Φ: 470mm × 470mm，L1100mm，2kg 不包括灯泡
市场价：1 600 元
材质：胶合板、玻璃

Plika 吊灯

品牌：Gang Design
型号：蓝色大杂烩
规格：L1100mm, 2kg 包含节能灯泡
市场价：1 360 元
材质：陶瓷、丙烯纤维

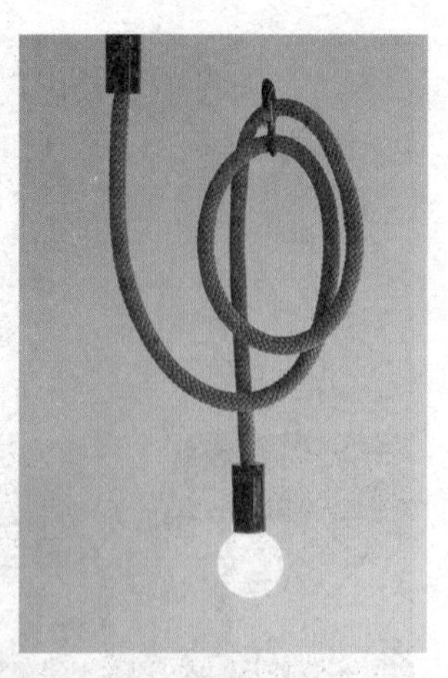

Hook Line 环状线灯

品牌：Gang Design
型号：米色绳子，黑色钩子
规格：L1100mm ,2 kg 包含节能灯泡
市场价：1 425 元
材质：陶瓷、丙烯纤维

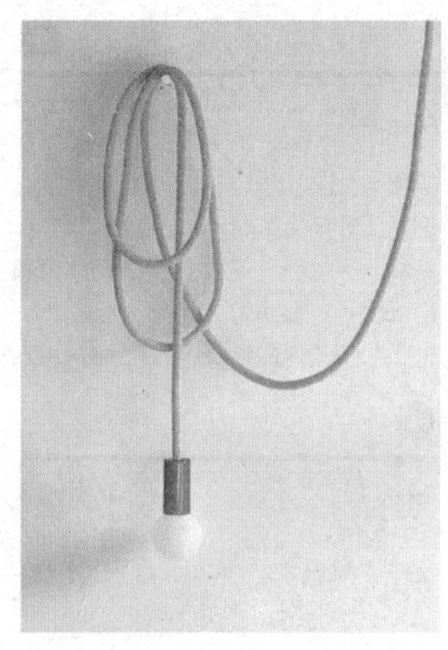

Loop Line 环状线灯

品牌：Gang Design
型号：黄色
规格：L1100mm ,2 kg 包含节能灯泡
市场价：1 360 元
材质：陶瓷、丙烯纤维

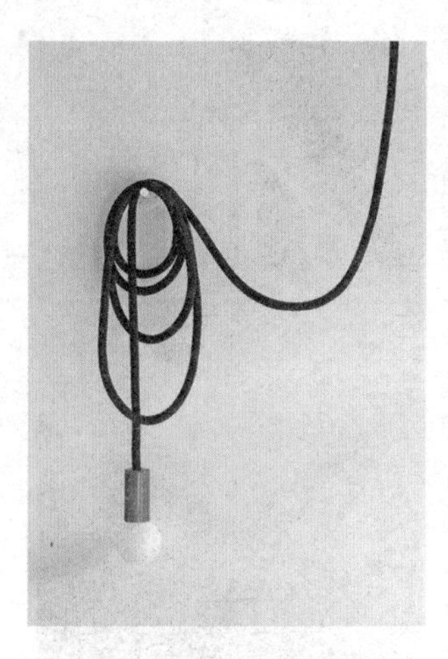

Loop Line 环状线灯

品牌：Gang Design
型号：黑色
规格：L1100mm ,2 kg 包含节能灯泡
市场价：1 360 元
材质：陶瓷、丙烯纤维

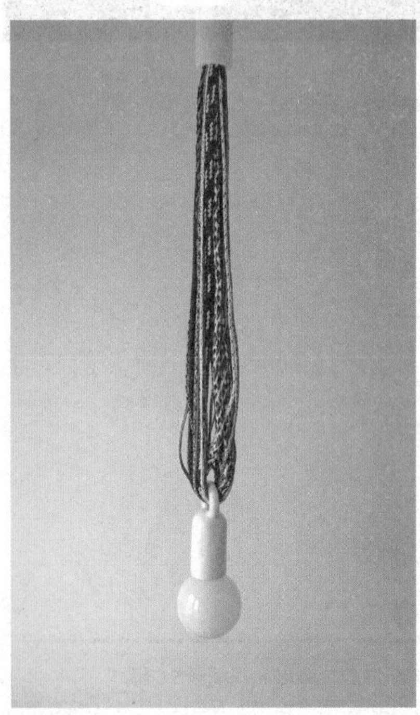

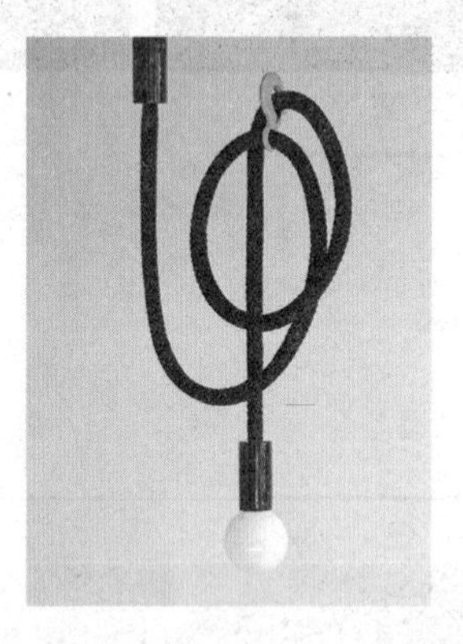

Loop Line 环状线灯

品牌：Hook Line
型号：黑色绳子，黄色钩子
规格：L1100mm ,2 kg 包含节能灯泡
市场价：1 425 元
材质：陶瓷、丙烯纤维

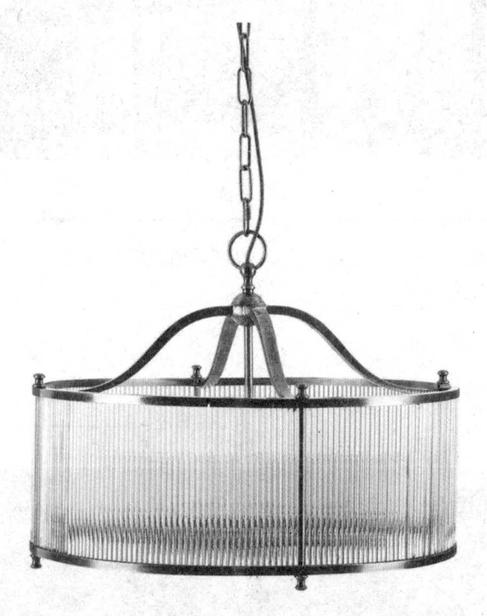

Marcella 吊灯

品牌：Harbor House
型号：105306
规格：W610mm×H470mm
市场价：5 980 元
材质：灯体：铁、玻璃、合金

Plika 灯

品牌：Gang Design
型号：黄色大杂烩
规格：L1100mm , 2 kg, 包含节能灯泡
市场价：1 360 元
材质：陶瓷 、丙烯纤维

Kimmel 6 头吊灯

品牌：Harbor House
型号：105425
规格：W610mm×H51~1410mm（可调节）
市场价：2 680 元
材质：铁、灯罩、亚麻

Kimmel 6 头吊灯

品牌：Harbor House
型号：105425
规格：W610mm×H51~1410mm（可调节）
市场价：4 680 元
材质：铁、灯罩、亚麻

铁质木珠编制咖色水晶吊灯，含 **8** 个灯头（最大 **60** 瓦灯泡，仅硬连接）

品牌：可立特家居
型号：DA1898
规格：Φ580mm × H1100mm（吊链长 1000mm）
市场价：5 499 元
材质：铁

白色树脂钉状台底座台灯（最大 **100** 瓦灯泡）

品牌：可立特家居
型号：DA2815
规格：Φ330mm ×H 73.60mm
市场价：1 299 元
材质：树脂

铁质及白色木珠吊灯，含 **6** 个灯头（最大 **60** 瓦灯泡，仅硬连接）

品牌：可立特家居
型号：DA1895
规格：Φ760mm × H990mm（吊链长 1000mm）
市场价：3 999 元
材质：铁

吊顶灯

品牌：JWDA
规格：800mm×800mm×50 0mm
市场价：定制产品
材质：尼龙、聚醚泡沫、装饰织物、铝

吊灯

品牌：伦勃朗家居
型号：HB-121
规格：黄铜铸件、灯泡
市场价：按门店价格
材质：纯黄铜铸件采用水溶电镀 24K 金、银

金色铁质抽象造型水晶吊灯（最大 **60** 瓦灯泡）

品牌：可立特家居
型号：DA3036
规格：Φ1473mm × H384mm（吊链长 1000mm）
市场价：3 299 元
材质：铁、水晶

倾泻·吊灯

品牌：姜晶
市场价：定制产品

吊灯

品牌：伦勃朗家居
型号：HD-888-12
规格：黄铜铸件、灯泡
市场价：按门店价格
材质：纯黄铜铸件采用水溶电镀 24K 金

吊灯

品牌：美豪
型号：MHD8014-6
规格：Φ450mm × H450mm
市场价：4 680 元
材质：橡木做旧、铁艺仿古

吊灯

品牌：琪朗灯饰
型号：MB1202711-2B
规格：W320mm×H640mm×E280mm
市场价：15 900 元
材质：意大利进口手工玻璃
颜色：粉红色

吊灯

品牌：琪朗灯饰
型号：MD1202711-12A
规格：D900mm×H880mm
市场价：101 610 元
材质：意大利进口手工玻璃
颜色：白色

吊灯

品牌：琪朗灯饰
型号：MD1202711-8A
规格：D900mm×H900mm
市场价：79 470 元
材质：意大利进口手工玻璃
颜色：白色

水晶吊灯

品牌：蓦然回首
型号：52000087
规格：400mm
市场价：1 788 元
材质：铁艺烤漆、清光玻璃
产地：广州

吊灯

品牌：美豪
型号：MHD6002-8+4OR
规格：Φ650mm
市场价：3 300 元
材质：铁艺仿古、配水晶

吊灯

品牌：美豪
型号：MHD8001-5
规格：Φ650mm
市场价：5 350 元
材质：橡木做旧、铁艺仿古

吊灯

品牌：琪朗灯饰
型号：MD1202711-24B
规格：D1260mm×H1000mm
市场价：214 920 元
材质：意大利进口手工玻璃
颜色：粉红色

吊灯

品牌：琪朗灯饰
型号：MD1202711-6C
规格：D780mm×H750mm
市场价：64 800 元
材质：意大利进口手工玻璃
颜色：黄色

吊灯

品牌：博瑞奇
型号：brq020
规格：910mm × 1150mm
市场价：2 530 元
材质：铁艺、木料
风格：北欧乡村风格、法国工业时代风格
设计说明：此款吊灯材质为铁艺和木艺

吊灯

品牌：博瑞奇
型号：brq025
规格：Φ360mm × 530mm
市场价：803 元
材质：铁艺、玻璃
风格：北欧乡村风格、法国工业时代风格
设计说明：此款吊灯材质为铁艺加玻璃，颜色为水管色

吊灯

品牌：美豪
型号：MHD6001-4+4OR
规格：Φ350mm × H620mm
市场价：2 880 元
材质：铁艺仿古、配水晶

水晶吊灯

品牌：蓦然回首
型号：52000085
规格：400mm
市场价：2 288 元
材质：铁艺烤漆、水晶
产地：广州

吊灯

品牌：蓦然回首
型号：52000084
规格：Φ1150mm × H1200mm
市场价：6 658 元
材质：铁艺电镀
产地：广州

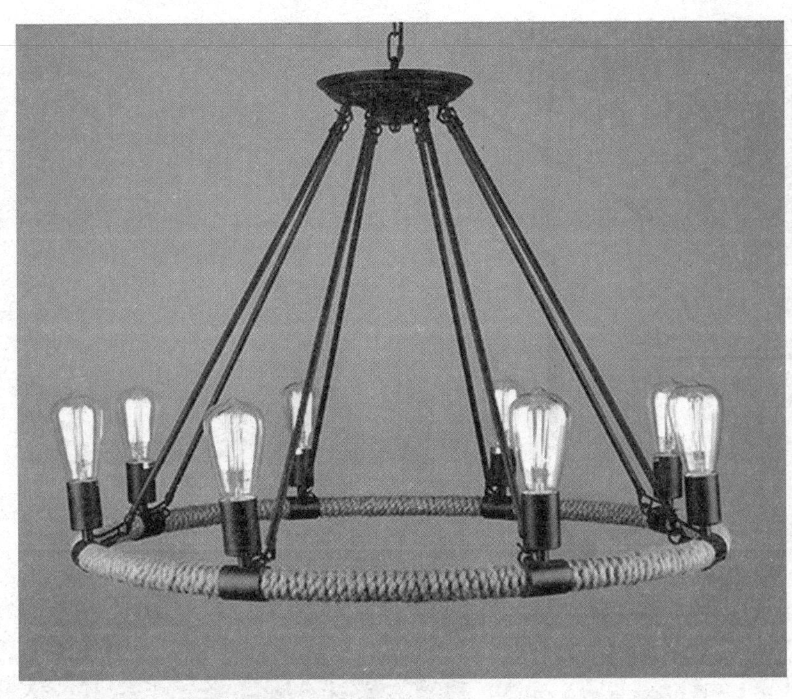

吊灯

品牌：博瑞奇
型号：brq018
规格：Φ810mm×H560mm
市场价：946元
材质：铁艺、麻绳
风格：北欧乡村风格、法国工业时代风格
设计说明：此款吊灯材质为铁艺加麻绳

吊灯

品牌：琪朗灯饰
型号：MD1202711-24B
规格：D126mm×H100mm
市场价：214 920元
材质：意大利进口手工玻璃
颜色：银色

吊灯

品牌：博瑞奇
型号：brq021
规格：Φ550mm×910mm
市场价：1 980元
材质：铁艺、水晶
风格：北欧乡村风格、法国工业时代风格
设计说明：此款吊灯材质为铁艺加水晶吊饰，灯体颜色为铁锈色。

吊灯

品牌：博瑞奇
型号：brq026
规格：750mm
市场价：1 713.8元
材质：铁艺、木料
风格：北欧乡村风格·法国工业时代风格
设计说明：此款吊灯材质为铁艺、木艺。

吊灯

品牌：博瑞奇
型号：brq012
规格：105omm×1050mm×900mm
市场价：6 600元
材质：榆木
风格：北欧乡村风格·法国工业时代风格
设计说明：此款吊灯材质为百年老榆木加老铁。

落地灯

地灯

品牌：Angela Adrdisson
型号：PH-18
市场价：107 200 元
材质：银、铜

Mendocino Pharmacy 落地灯

品牌：Harbor House
型号：100010
规格：W940mm × H127~1610mm（可调节）
市场价：2 680 元
材质：铁
风格：美式休闲

"两朵郁金香"圆柱灯

品牌：Angela Adrdisson
型号：PH-9
市场价：67 010 元
材质：银、铜

Callister 落地灯

品牌：Harbor House
型号：102006
规格：W61.60mm × H177.20mm
市场价：6 980 元
材质：铜、桃花芯木
风格：美式休闲

竹灯

品牌：清境家具
型号：JU-010
规格：L3000mm × 4000mm
市场价：1 568 元
材质：竹子
风格：新中式

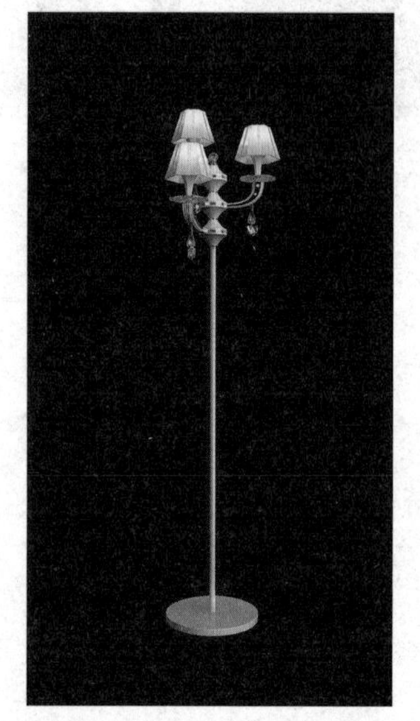

落地灯

品牌：琪朗灯饰
型号：ML13003014-3A
规格：D38.40mm × H1280mm
市场价：2 487 元
材质：五金白漆镀铬及玻璃奶光

四托落地灯

品牌：蓦然回首
设计 / 产地：广州
型号：51000032
规格：45.00mm × 45.00mm × 1780mm
市场价：5 808 元
材质：铁配树脂

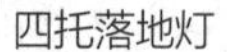

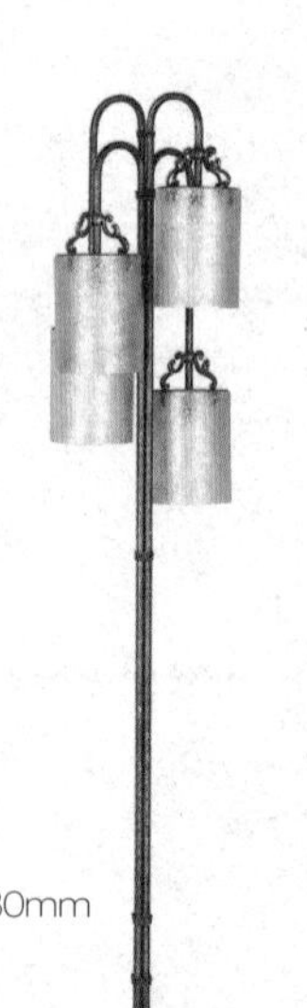

落地灯

品牌：蓦然回首
型号：51000024
规格：48.50mm × 1230mm
市场价：2 690 元
材质：陶瓷
设计 / 产地：广州

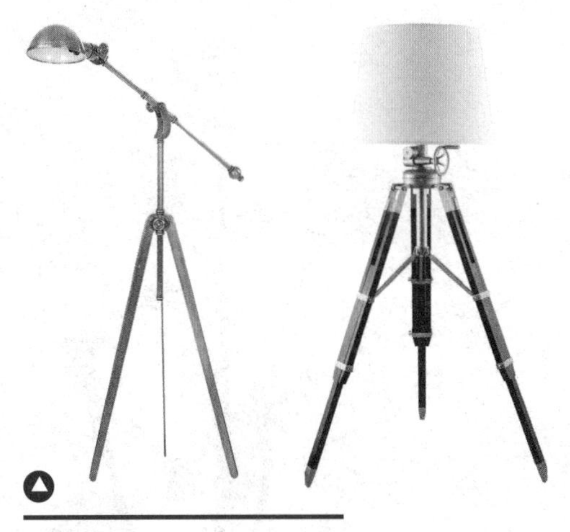

Marley 可调节落地灯

品牌：Harbor House
型号：105416
规格：W460mm×H125~1600mm（可调节）
市场价：1 680 元
材质：灯体为铁，灯罩为亚麻布
风格：美式休闲

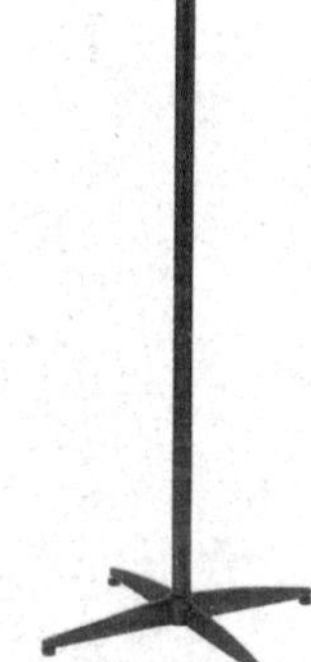

Thomas 三角支架落地灯

品牌：Harbor House
型号：104256
规格：L119.50mm×W119.50mm×H1820mm
市场价：12 800 元
材质：灯体为铜、榉木，灯罩为亚麻布
风格：美式休闲

Henley 落地灯

品牌：Harbor House
型号：102011
规格：W139.70mm×H55.90mm
市场价：6 680 元
材质：铜
风格：美式休闲

倾泻·落地灯

品牌：姜晶
市场价：定制产品

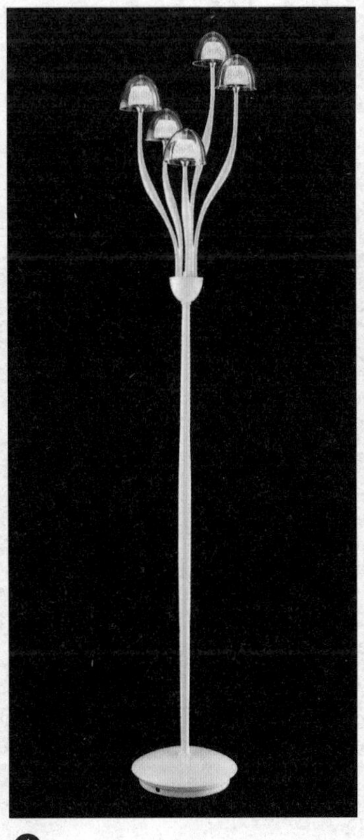

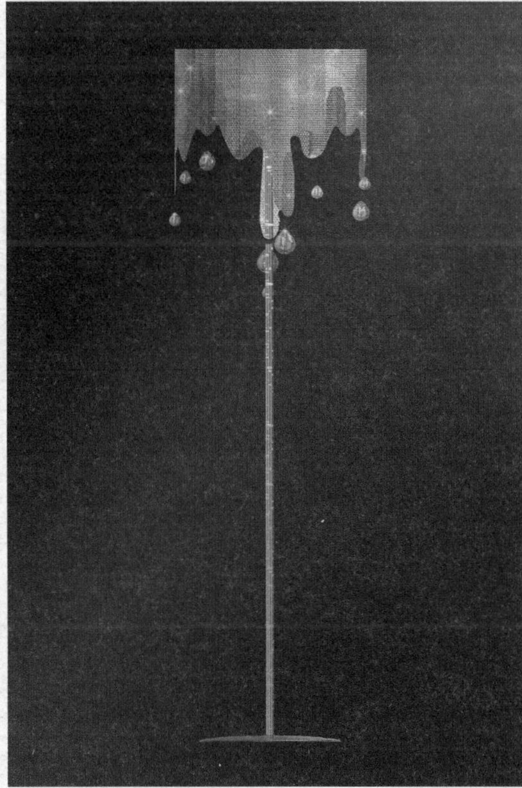

落地灯

品牌：琪朗灯饰
型号：ML13003011-4A
规格：D390mm×H1520mm
材质：玻璃打砂
设计 / 产地：广东

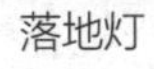

落地灯

品牌：琪朗灯饰
型号：ML12009018-5C
规格：D360mm×H1730mm
市场价：2 064 元
材质：清光
设计 / 产地：广东

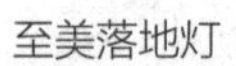

至美落地灯

品牌：蓦然回首
型号：51000028B
规格：450mm × 450mm × 1700mm
市场价：2 075 元
材质：俄罗斯水曲柳
设计 / 产地：广东

落地灯

品牌：蓦然回首
型号：51000021
规格：660mm × 460mm × 1510mm
市场价：7 300 元
材质：纯铜
设计 / 产地：广州

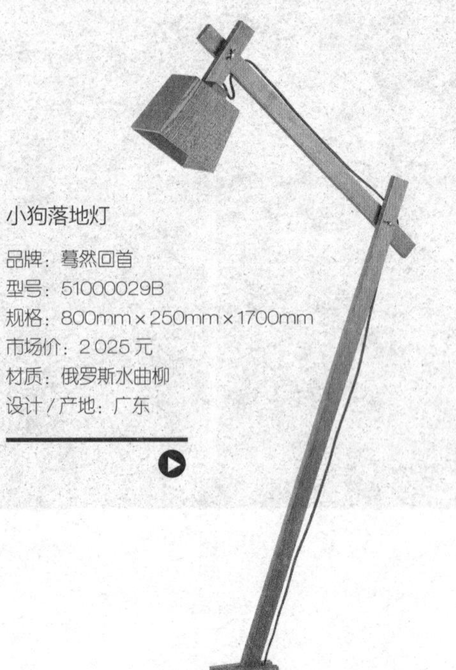

小狗落地灯

品牌：蓦然回首
型号：51000029B
规格：800mm × 250mm × 1700mm
市场价：2 025 元
材质：俄罗斯水曲柳
设计 / 产地：广东

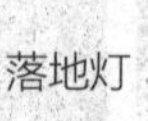

落地灯

品牌：蓦然回首
型号：51000030
规格：680mm × 1850mm
市场价：4 500 元
材质：铁艺、玻璃
设计 / 产地：广东

落地灯

品牌：蓦然回首
型号：51000031
规格：400mm × 1700mm
市场价：4 500 元
材质：铁艺、玻璃
设计 / 产地：广东

Stanford 水晶灯

品牌：Harbor House
型号：100017
规格：W360mm×H590mm
市场价：2 680 元
材质：灯体为水晶，灯罩为仿丝
风格：美式休闲

风灯

品牌：深圳异象名家居
型号：T-005
规格：300mm×300mm×820mm
市场价：5 333 元

可弯曲台灯

品牌：Angela Adrdisson
型号：PH-19
市场价：10 050 元
材质：聚碳酸酯

落地台灯

品牌：Angela Adrdisson
型号：PH_16
市场价：60 300 元
材质：银、铜

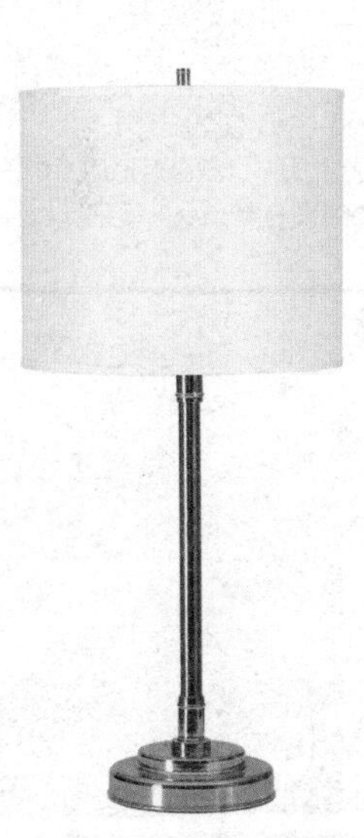

吊灯

品牌：深圳异象名家居
型号：T-007×01
规格 220mm×220mm×410mm 铁链长 1.85 米
市场价：1 000 元
材质：陶瓷

Pacific 台灯

品牌：Harbor House
型号：101844
规格：W31.80mm×H69.90mm
市场价：980 元
材质：灯体为铁，灯罩为亚麻布
风格：美式休闲

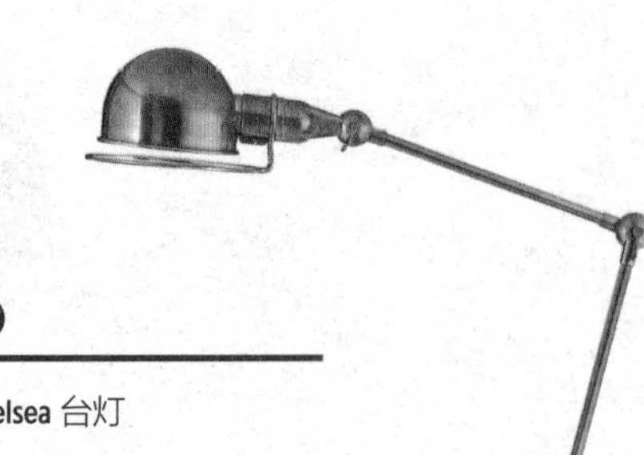

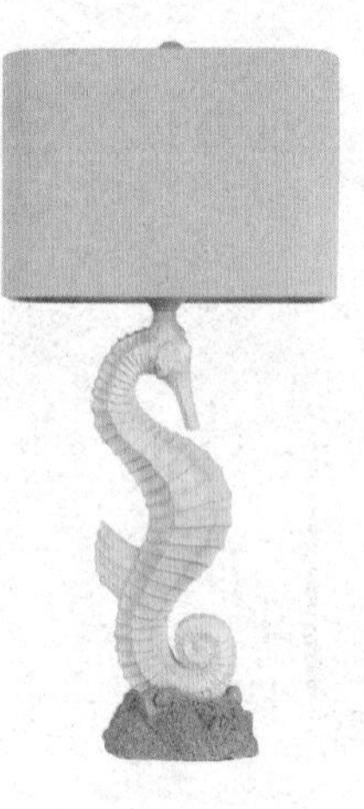

Chelsea 台灯

品牌：Harbor House
型号：105303
规格：W19.10mm×H68~87.60mm（可调节）
市场价：1680 元
材质：灯体为铁，灯罩为麻布
风格：美式休闲

Devon 台灯

品牌：Harbor House
型号：105365
规格：Φ21.70mm×H58~91.50mm（可调节）
市场价：1980 元
材质：铁
风格：美式休闲

白色树脂海马台灯（最大 100 瓦灯泡）

品牌：可立特家居
型号：DA2812
规格：L40.60mm×W25.40mm×H83.80mm
市场价：1299 元
材质：树脂
风格：地中海
设计说明：娇羞的海马造型和白色组合，相得益彰。

树脂青蛙 & 蜗牛底座台灯（最大 40 瓦灯泡）

品牌：可立特家居
型号：DE7209
规格：L310mm×W140mm×H37.50mm
市场价：499 元
材质：树脂
风格：户外花园
设计说明：这款台灯适用于户外花园，青蛙与蜗牛友好相处的状态令人感受到大自然的美好。

鹅卵石台灯

品牌：蓦然回首
型号：50000002
规格：330mm×330mm×640mm
市场价：1035 元
材质：陶瓷
设计 / 产地：广州

鹅卵石台灯

品牌：蓦然回首
型号：50000004
规格：260mm×200mm×650mm
市场价：795 元
材质：陶瓷
设计 / 产地：广州

树脂猫头鹰底座台灯（最大 40 瓦灯泡）

品牌：可立特家居
型号：DA3057
规格：Φ200mm×H33.50mm
市场价：429 元
材质：玻璃
风格：美式经典
设计说明：憨态可掬的猫头鹰作为台灯底座，上方时素净的灯罩，别具一格。

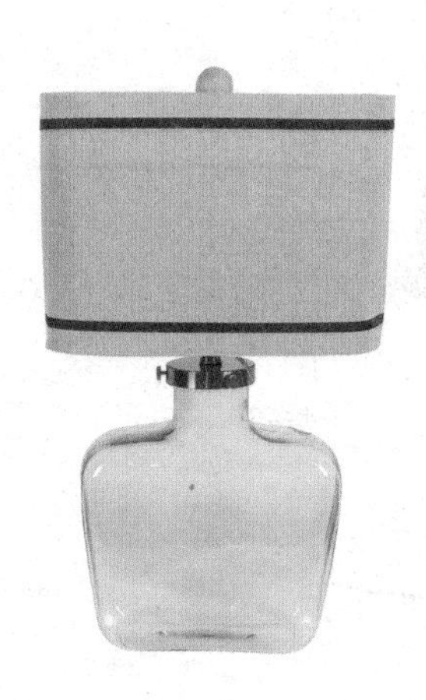

玻璃可填充底座台灯（最大 100 瓦灯泡）

品牌：可立特家居
型号：DA2813
规格：L406mm×W254mm×H635mm
市场价：999 元
材质：玻璃
风格：清新都市
设计说明：简约的线条、清新的色调，契合现代都市气质。

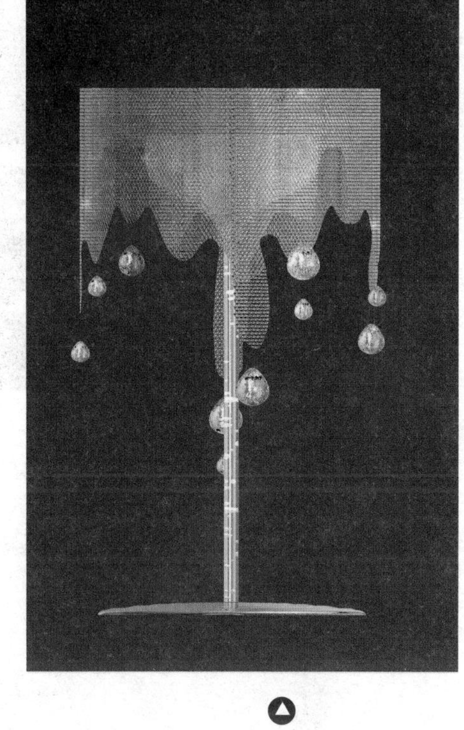

倾泻·台灯

品牌：姜晶
市场价：定制产品

Emily 大号陶瓷台灯

品牌：Harbor House
型号：102647
规格：灯罩 W48.3×H30.50mm；灯体，底部 Φ17.8×H79.40mm
市场价：1980 元
材质：灯体为陶瓷，灯罩为亚麻布
风格：美式休闲

Signal 台灯

品牌：Harbor House
型号：104320
规格：W38.1×H77.470mm
灯罩：L38.10mm×W38.10mm×H26.670mm
市场价：1780 元
材质：灯体为铁、玻璃，灯罩为亚麻布
风格：美式休闲

白色树脂钉状烛台底座台灯

品牌：可立特家居
型号：DA2815
规格：Φ330mm×H73.60mm
市场价：1299 元
材质：树脂
风格：波西米亚
设计说明：玫红色与褐绿色组合极具波西米亚风情，一眼就给人留下惊艳印象。

台灯

品牌：蓦然回首
型号：50000005
规格：330mm × 330mm × 640mm
市场价：880 元
材质：陶瓷
设计 / 产地：广州

鹅卵石台灯

品牌：蓦然回首
型号：50000003
规格：360mm × 360mm × 470m
市场价：838 元
材质：陶瓷
设计 / 产地：广州

落地灯

品牌：蓦然回首
型号：50000073
规格：380mm × 380mm × 790mm
市场价：2 848 元
材质：纯铜
设计 / 产地：广州

镀彩玻璃台灯

品牌：尤尼贝雅
型号：FSD12006
市场价：1 148 元
规格：280mm × 280mm × H1016m

台灯

品牌：蓦然回首
型号：50000071
规格：440mm × 320mm × 730mm
市场价：5 160 元
材质：纯铜
设计 / 产地：广州

落地灯

品牌：蓦然回首
型号：50000072
规格：460mm × 220mm × 680mm
市场价：4 498 元
材质：纯铜
设计 / 产地：广州

台灯

品牌：蓦然回首
型号：50000070
规格 180mm × 180mm × 950mm
市场价：2 890 元
材质：纯铜
设计 / 产地：广州

台灯

品牌：蓦然回首
型号：50000077
规格：330mm×770mm
市场价：1 090 元
材质：陶瓷
设计 / 产地：广州

台灯

品牌：蓦然回首
型号：50000078
规格：330mm×770mm
市场价：880 元
材质：陶瓷
设计 / 产地：广州

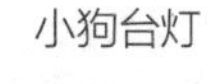

小狗台灯

品牌：蓦然回首
型号：50000083B
规格：160mm×350mm×470mm
市场价：1 375 元
材质：俄罗斯水曲柳
设计 / 产地：广东

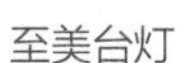

台灯

品牌：蓦然回首
型号：80100128
规格：440mm×440mm×320mm
市场价：7 200 元
材质：人造石
设计 / 产地：菲律宾

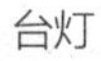

台灯

品牌：琪朗灯饰
型号：MT12009018-3C
规格：D330mm×H500mm
市场价：1161 元
材质：清光玻璃
设计 / 产地：广东

台灯

品牌：琪朗灯饰
设计 / 产地：广东
型号：MT12009018-5C
规格：D280mm×H620mm
市场价：1872 元
材质：清光玻璃

至美台灯

品牌：蓦然回首
型号：50000082B
规格：350mm×350mm×700mm
市场价：1 375 元
材质：俄罗斯水曲柳
设计 / 产地：广东

台灯

品牌：风尚
型号：FTJ1412-6DT
规格：360mm×360mm×660mm
市场价：1 270 元

琥珀色玻璃配金属底座台灯

品牌：尤尼贝雅
型号：FSD10058
规格：H190mm-3/40mm
市场价：798 元

简约台灯

品牌：香伯廷海派
型号：A（5）
规格：100mm×180mm
市场价：定制产品
材质：水晶
风格：欧式新古典
设计说明：台灯颜色、造型十分简约，易与其他产品搭配，柱身装饰部分采用水晶材质，与灯光效果搭配美轮美奂

树脂小鱼底座台灯

品牌：可立特家居
型号：DA1014
规格：Φ25.50mm×H490mm
市场价：799 元
材质：树脂
风格：地中海
设计说明：这款台灯拥有显著的地中海风格特征，活泼的糖果色组合加上灵巧的小鱼形状，童趣十足。

陶艺台灯，古铜色底座

品牌：尤尼贝雅
型号：FSL12503
市场价：720 元
规格：140mm×140mm×290mm

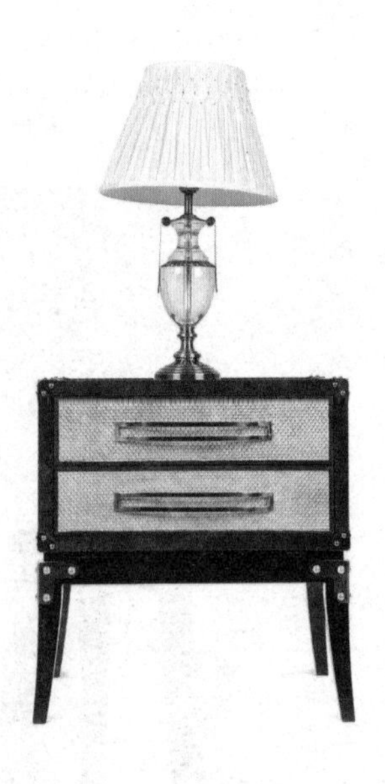

素雅台灯

品牌：香伯廷海派
型号：A (10) 双斗台灯
规格：150mm×100mm
市场价：定制产品
材质：水晶
风格：欧式新古典
设计说明：低调的素色搭配，水晶柱体晶莹剔透，简约清新

台灯

品牌：美雅
型号：MAY8370
市场价：1 980 元
材质：陶瓷 / 合金

台灯

品牌：美雅
型号：MAY8409 灯
市场价：2 078 元
材质：陶瓷、铜

台灯

品牌：美雅
型号：MAY8452 灯
市场价：2 068 元
材质：陶瓷、合金

台灯

品牌：美雅
型号：MAY8412 灯
市场价：3 398 元
材质：陶瓷

台灯

品牌：传世
型号：95 RAW_3664
规格：450mm x 1120mm x 1100mm
市场价：7 450 元
材质：铝材
风格：现代
产地：苏州
颜色：亮金

台灯

品牌：美雅
型号：MAY8424 灯
市场价：2 008 元
材质：陶瓷、合金

台灯

品牌：美雅
型号：MAY8438 灯
市场价：1 980 元
材质：陶瓷、合金

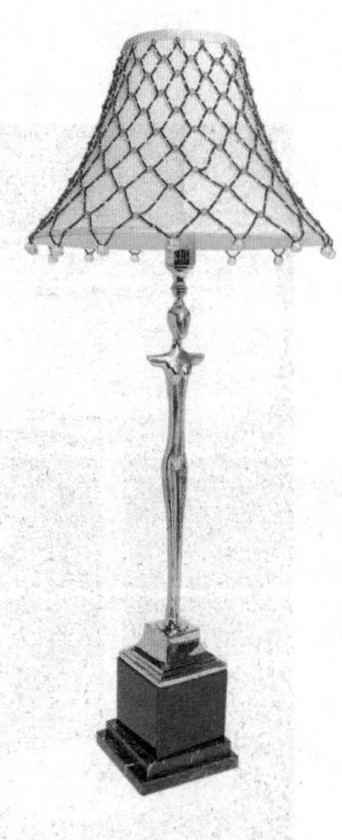

台灯

品牌：DOMOS
型号：D050
规格：400mm x 400mm x 960mm
市场价：2 370 元
材质：布罩、铜、大理石
风格：浪漫法式

台灯

品牌：伦勃朗家居
材质：黄铜铸件、灯泡、优质布料
设计说明：纯黄铜铸件水溶电镀 24K 金、银，采用进口优质布料。

台灯

品牌：美雅
型号：MAY8382 灯
市场价：2 438 元
材质：铜、合金、玻璃

台灯

品牌：美雅
型号：MAY8379 灯
市场价：2 280 元
材质：陶瓷、合金

台灯

品牌：美雅
型号：MAY8445 灯
市场价：2 528 元
材质：陶瓷 / 合金

台灯

品牌：琪朗灯饰
型号：MT14009016-1A
规格：L8.80mm × W8.80mm × H170mm
市场价：612 元
材质：五金镀铬、清光玻璃

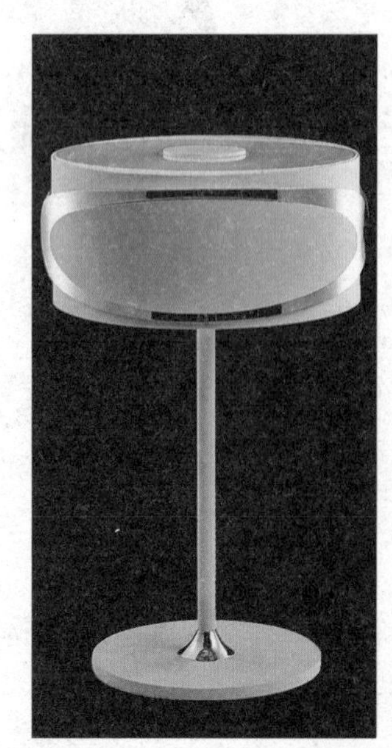

台灯

品牌：琪朗灯饰
型号：MT13003011-2A
规格：290mm × 440mm
材质：玻璃打砂
设计 / 产地：广东

壁灯

品牌：琪朗灯饰
型号：MB13027104-3A
规格：W580mm × L800mm × H600mm
市场价：80 502 元
材质：意大利进口手工玻璃
设计 / 产地：广东

吸顶灯

吸顶灯

品牌：琪朗灯饰
型号：MX13003013-9A
规格：L450mm×W450mm×H14.50mm
市场价：2 625 元
材质：五金镀铬、清光玻璃

吸顶灯

品牌：琪朗灯饰
型号：MX13003013-16A
规格：L740mm×W740mm×H14.50mm
市场价：4 650 元
材质：清光玻璃

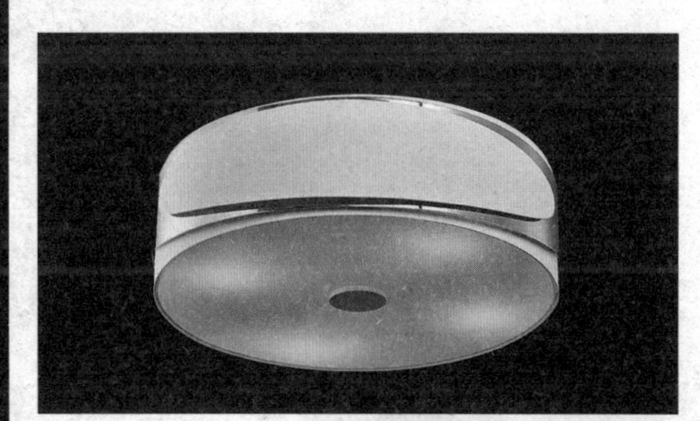

吸顶灯

品牌：琪朗灯饰
型号：MX13003011-4C
规格：D530mm×H180mm
市场价：2 043 元
材质：玻璃打砂

吸顶灯

品牌：琪朗灯饰
型号：MX13003011-4A
规格：D430mm×H160mm
市场价：1 590 元
材质：玻璃打砂

吸顶灯

品牌：琪朗灯饰
型号：MX13003013-20A
规格：L940mm×W740mm×H14.50mm
市场价：5 778 元
材质：清光玻璃

软装素材宝典

VALUABLE BOOK

ABOUT SOFT FURNISHING

MATERIALS

饰品 / Ornaments

在现代的软装设计执行过程中，当符合设计意图的家具、灯具、布艺、画品等摆设选定后，最后一关是加入饰品，在室内空间的设计中，饰品的作用举足轻重，软装设计师对这一关的把握能决定整个项目的成功与否。

摆设饰品时要注意以下几点：首先，布置饰品是非常私人化的一个环节，它能够直接影响到居室主人的心情，引起心境的变化；其次，饰品作为可移动物件，具有轻巧灵便、可随意搭配的特点，不同饰品间的搭配，能起到不同的效果；再次，优秀的工艺饰品甚至可以保值增值，比如中国古代的陶器、金属工艺品等，不仅能起到美化的效果，还具备增值能力。作为设计师应该充分考虑客户的需求，为客户配置出符合主人身份定位和装饰风格特色的饰品，为客户做好参谋，是软装设计师的主要工作。另外，动手能力、善于发现、善于创造是软装设计师不败的法宝。

立体壁挂

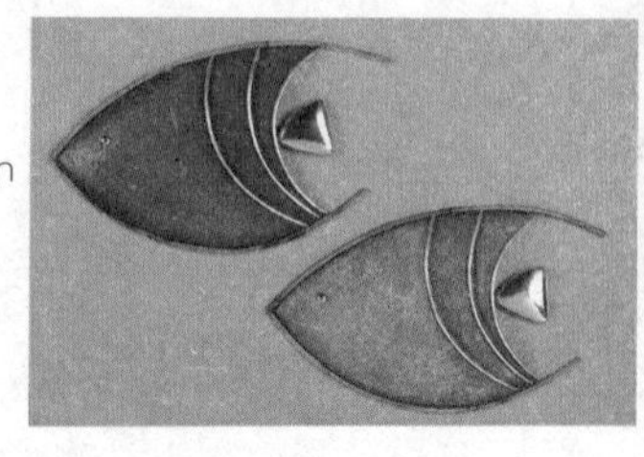

人造石壁挂

品牌：蓦然回首
型号：82000008
规格：600mm×70mm×900mm
市场价：5 300 元
材质：人造石
设计 / 产地：菲律宾

铁艺壁挂

品牌：蓦然回首
型号：15000003
规格：600mm×600mm×40mm
市场价：878 元
材质：铁质
设计 / 产地：福建

麻质壁挂

品牌：蓦然回首
型号：82000011
规格：600mm×600mm×80mm
市场价：5 700 元
材质：天然麻
设计 / 产地：菲律宾

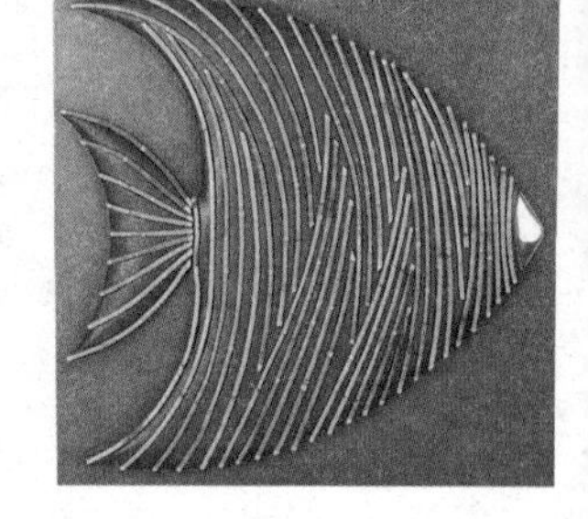

竹质壁挂

品牌：蓦然回首
型号：82000007
规格：900mm×8.50mm×900mm
市场价：6 500 元
材质：竹质
设计 / 产地：菲律宾

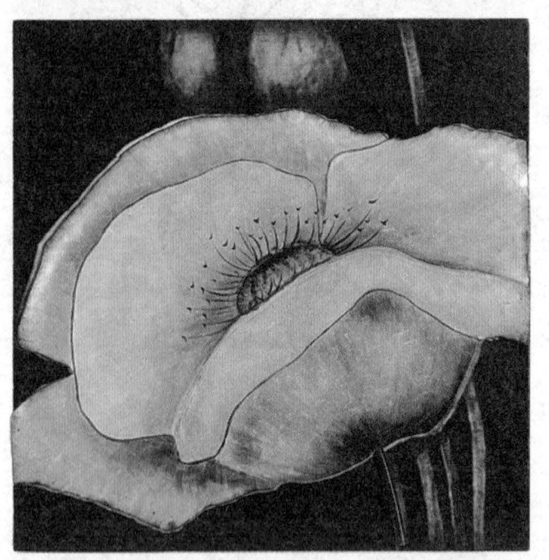

铁艺壁挂

品牌：蓦然回首
型号：15000001
规格：600mm×600mm×40mm
市场价：868 元
材质：铁质
设计 / 产地：福建

贝壳壁挂

品牌：蓦然回首
型号：16000003
规格：800mm×800mm×50mm
市场价：5 248 元
材质：木材
设计 / 产地：广东

木雕立体画

品牌：蓦然回首
型号：16000011
规格：600mm×600mm×50mm
市场价：1 420 元
材质：木材
设计 / 产地：广东

树脂立体画

品牌：蓦然回首
型号：16000012
规格：55.50mm×55.50mm×50mm
市场价：1 420 元
材质：木材
设计 / 产地：广东

玉石立体画

品牌：蓦然回首
型号：16000008
规格：600mm × 600mm × 50mm
市场价：2 145 元
材质：木材
设计 / 产地：广东

木雕立体画

品牌：蓦然回首
型号：16000004
规格：800mm × 800mm × 50mm
市场价：3 828 元
材质：木材
设计 / 产地：广东

麻质壁挂

品牌：蓦然回首
型号：82000013
规格：1200mm × 800mm × 80mm
市场价：6 900 元
材质：天然麻
设计 / 产地：菲律宾

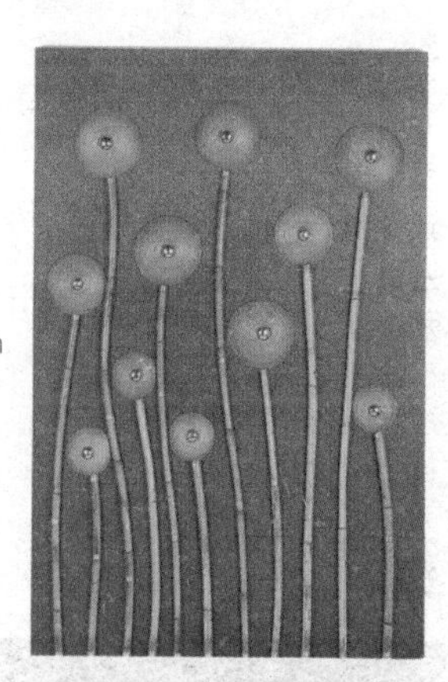

人造石壁挂

品牌：蓦然回首
型号：82000012
规格：1000mm × 350mm × 50mm
市场价：4 950 元
材质：人造石
设计 / 产地：菲律宾

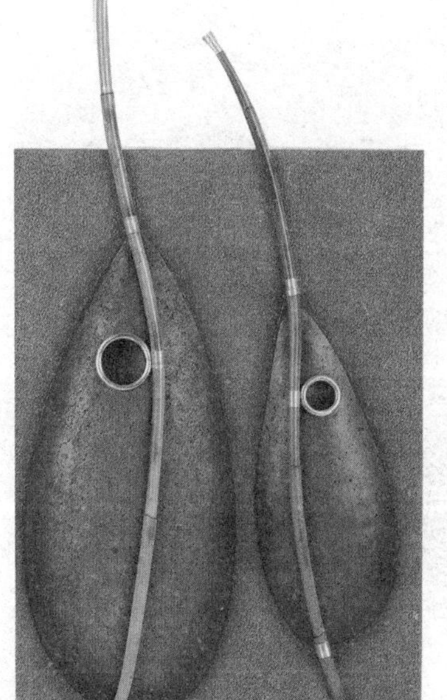

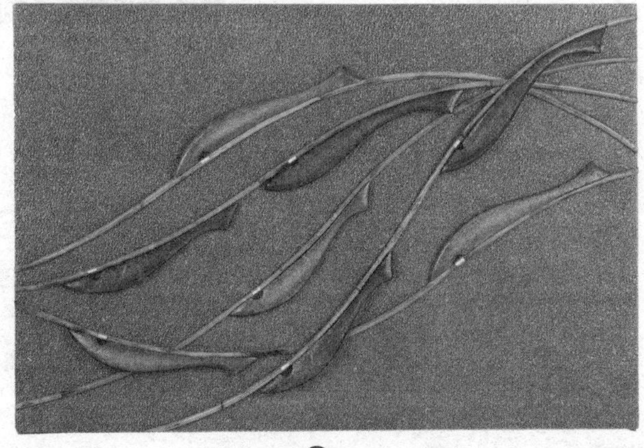

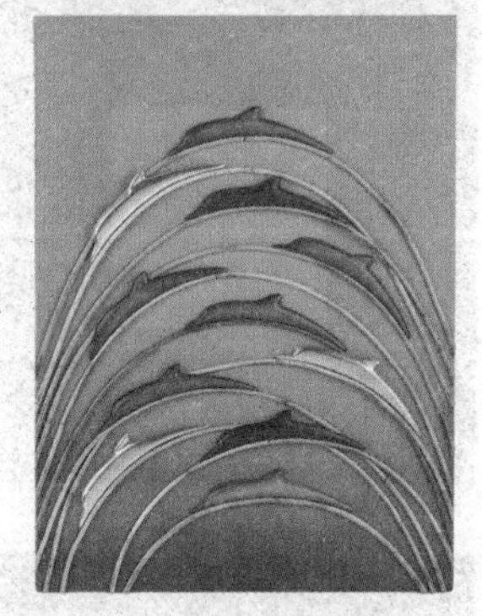

人造石壁挂

品牌：蓦然回首
型号：82000015
规格：600mm × 400mm × 730mm
市场价：3 500 元
材质：人造石
设计 / 产地：菲律宾

人造石壁挂

品牌：蓦然回首
型号：82000014
规格：600mm × 900mm × 70mm
市场价：5 950 元
材质：人造石
设计 / 产地：菲律宾

人造石壁挂

品牌：蓦然回首
型号：82000009
规格：800mm × 600mm × 50mm
市场价：6 200 元
材质：人造石
设计 / 产地：菲律宾

铁艺壁挂

品牌：蓦然回首
型号：16000026
规格：101.50mm × 60mm × 56.50mm
市场价：1 988 元
材质：铁艺
设计 / 产地：福建

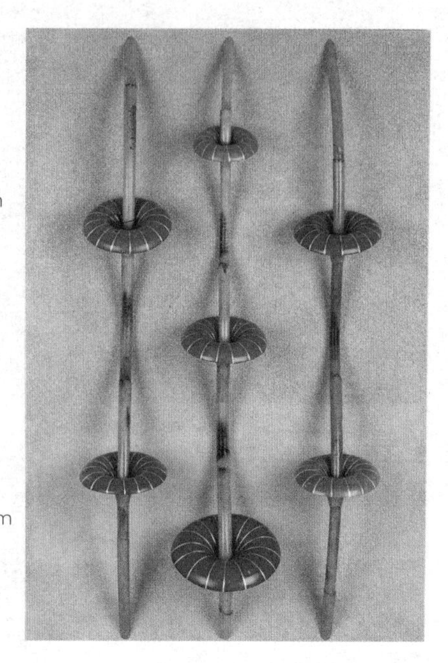

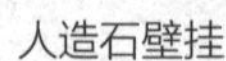

人造石壁挂

品牌：蓦然回首
型号：82000016
规格：800mm × 220mm × 1200mm
市场价：7 990 元
材质：人造石
设计 / 产地：菲律宾

铁艺壁挂

品牌：蓦然回首
型号：23000132
规格：790mm × 350mm × 20mm
市场价：980 元
材质：铁艺
设计 / 产地：福建

铁艺壁挂

品牌：蓦然回首
型号：15000005
规格：780mm × 63.50mm × 1.50mm
市场价：788 元
材质：铁质
设计 / 产地：福建

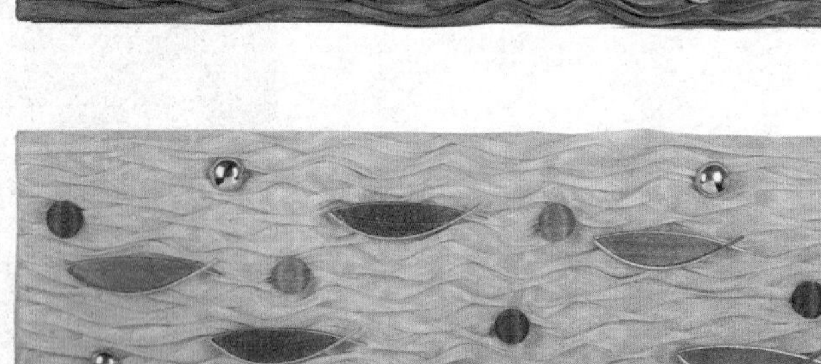

麻质壁挂

品牌：蓦然回首
型号：82000019
规格：1200mm × 450mm × 5.50mm
市场价：5 600 元
材质：天然麻
设计 / 产地：菲律宾

麻质壁挂

品牌：蓦然回首
型号：82000018
规格：1200mm × 450mm × 55mm
市场价：5 600 元
材质：人造石
设计 / 产地：菲律宾

铁艺壁挂

品牌：蓦然回首
型号：15000006
规格：910mm × 500mm × 1.50mm
市场价：788 元
材质：铁质
设计 / 产地：福建

麻质壁挂

品牌：蓦然回首
型号：82000017
规格：1000mm × 350mm × 5.50mm
市场价：5 500 元
材质：天然麻
设计 / 产地：菲律宾

铁艺壁挂

品牌：蓦然回首
型号：23000131
规格：630mm × 570mm × 20mm
市场价：980 元
材质：铁艺
设计 / 产地：福建

柚木雕塑壁挂

品牌：蓦然回首
型号：80100037
规格：250mm × 1000mm × 100mm
市场价：15 800 元
材质：柚木
设计 / 产地：印尼

铁艺壁挂

品牌：蓦然回首
型号：16000024
规格：1100mm × 460mm × 50mm
市场价：1 588 元
材质：铁艺
设计 / 产地：福建

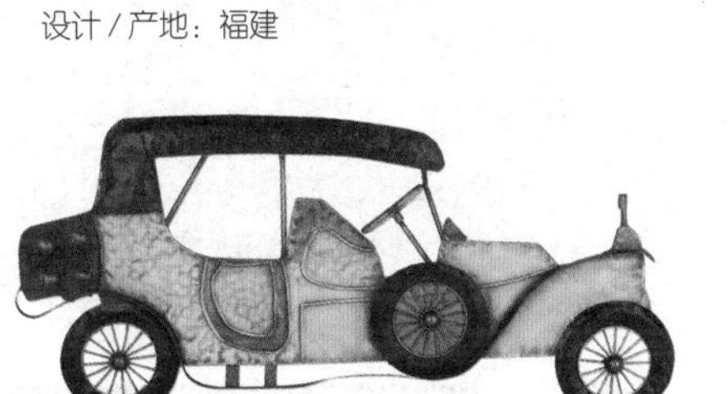

铁艺壁挂

品牌：蓦然回首
型号：23000133
规格：780mm × 350mm × 20mm
市场价：980 元
材质：铁艺
设计 / 产地：福建

铁艺壁挂

品牌：蓦然回首
型号：15000014
规格：530mm × 330mm × 20mm
市场价：1 280 元
材质：铁质
设计 / 产地：福建

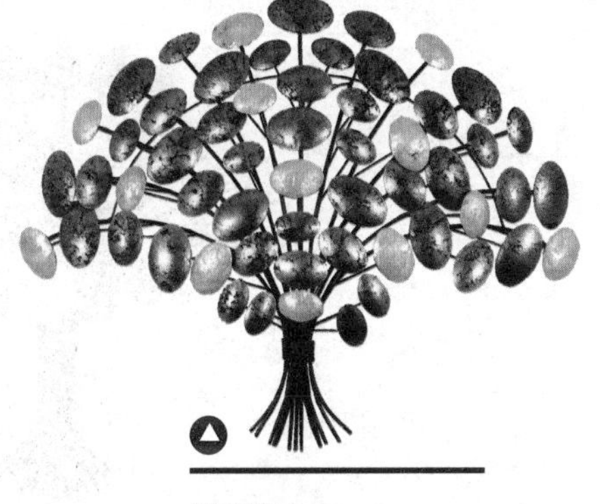

铁艺壁挂

品牌：蓦然回首
型号：15000015
规格：870mm × 710mm × 80mm
市场价：1 880 元
材质：铁质
设计 / 产地：福建

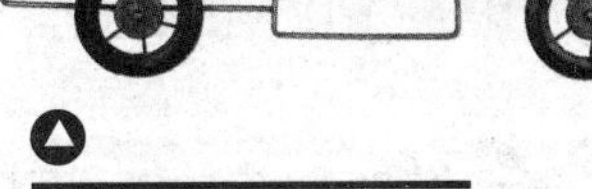

铁艺壁挂

品牌：蓦然回首
型号：23000134
规格：720mm × 310mm × 20mm
市场价：980 元
材质：铁艺
设计 / 产地：福建

铁艺壁挂

品牌：蓦然回首
型号：23000135
规格：580mm × 210mm × 80mm
市场价：2 880 元
材质：铁艺
设计 / 产地：福建

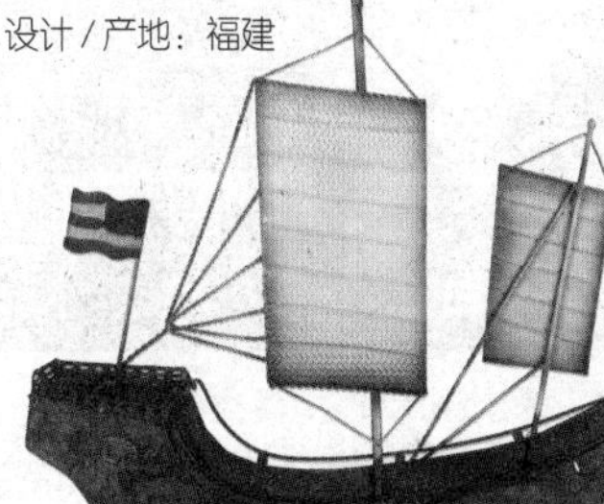

铁艺壁挂

品牌：蓦然回首
型号：23000130
规格：630mm × 530mm × 20mm
市场价：980 元
材质：铁艺
设计 / 产地：福建

鸟笼型金属装饰壁挂，两款

品牌：可立特家居
型号：DE1312A
规格：L300mm×H520mm
市场价：249 元
材质：金属
风格：法式休闲
设计说明：写意的小鸟图纹在米色背景中缓缓拉开序幕，法式风格的造型将生活的悠闲惬意展现得淋漓尽致。

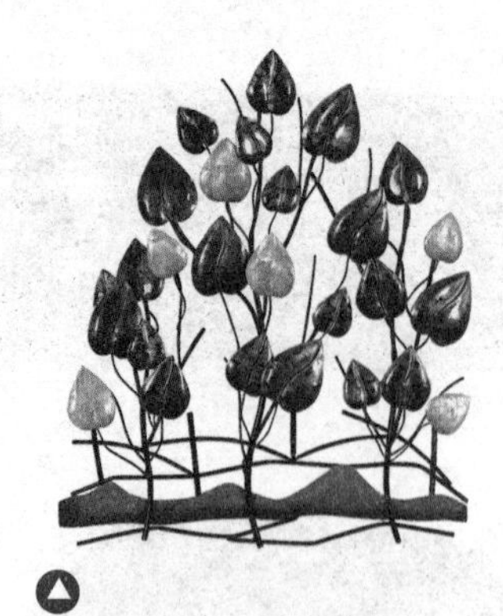

铁艺壁挂

品牌：蓦然回首
型号：15000016
规格：700mm×600mm×4.50mm
市场价：1880 元
材质：铁质
设计 / 产地：福建

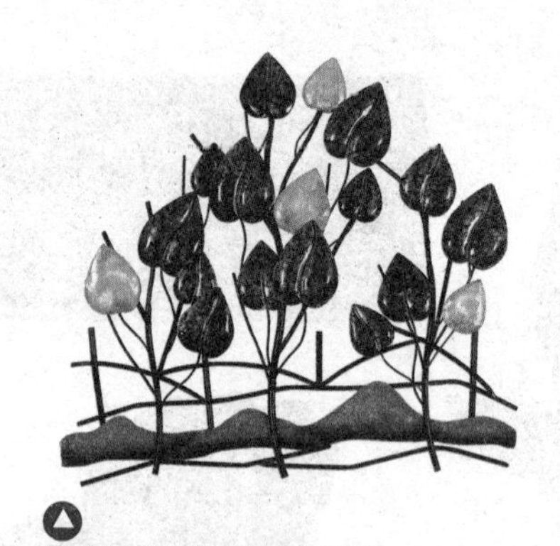

铁艺壁挂

品牌：蓦然回首
型号：15000012
规格：600mm×550mm×60mm
市场价：1680 元
材质：铁质
设计 / 产地：福建

金属鸟笼型壁挂卡片夹

品牌：可立特家居
型号：DE5312
规格：L55.50mm×H88.50mm
市场价：358 元
材质：木材
风格：户外花园
设计说明：利用鸟笼的空余间隙悬挂照片或其他卡片，充分向世人传达了情意，也有益于展示自己的生活，木制卡片夹与鸟笼的相衬更是美妙。

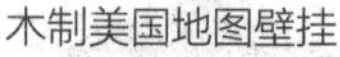

铁艺壁挂

品牌：蓦然回首
型号：15000013
规格：690mm×58.50mm×40mm
市场价：1880 元
材质：铁质
设计 / 产地：福建

木制美国地图壁挂

品牌：可立特家居
型号：DE0983
规格：L910mm×H60.50mm
市场价：899 元
材质：木材
风格：美式经典
设计说明：相比一般的纸质地图，木制地图看上去更有质感，将每一个区域涂以不同的色彩及城市编号，让人对这个国度一目了然，极具艺术气息。

金属树型壁挂（含八个相框）

品牌：可立特家居
型号：DE3042
规格：L109.50mm×H520mm
市场价：729 元
材质：金属
风格：美式经典
设计说明：这款壁挂寓意深刻，合欢树一样的姿态伸展着的壁挂上悬挂八个相框，有久长之意。树总是跟时间有联系，让人联想到成长、岁月。

小鸟金属摆饰

品牌：可立特家居
型号：DE3074
规格：L50.50mm×H30.50mm
市场价：269 元
材质：金属
风格：美式经典
设计说明：这款相框以正在开放的树枝为造型，一只小鸟屹立在上方，颇有诗情画意，树枝两边各悬挂两个小相框，有质感的金属色体现美式经典风格。

木制家壁挂（含四个小相框）

品牌：可立特家居
型号：DE6878
规格：L63.50mm×H410mm
市场价：558 元
材质：木材
风格：美式经典
设计说明：沉稳色调的木制壁挂与活泼小巧的造型结合，活泼有余、高贵依旧。

潘多拉 水晶魔镜

品牌：YAANG
型号：CR-0mm-P01
规格：52.50mm×380mm
市场价：2 800 元
材质：水晶，镜面不锈钢
风格：现代
设计说明：直面自己的欲望，是一件真实而可爱的事。

潘多拉 魔镜

品牌：YAANG
型号：AC-M-P1
规格：52.50mm×380mm
市场价：1 600 元
材质：镜面不锈钢
风格：现代
设计说明：直面自己的欲望，是一件真实而可爱的事。

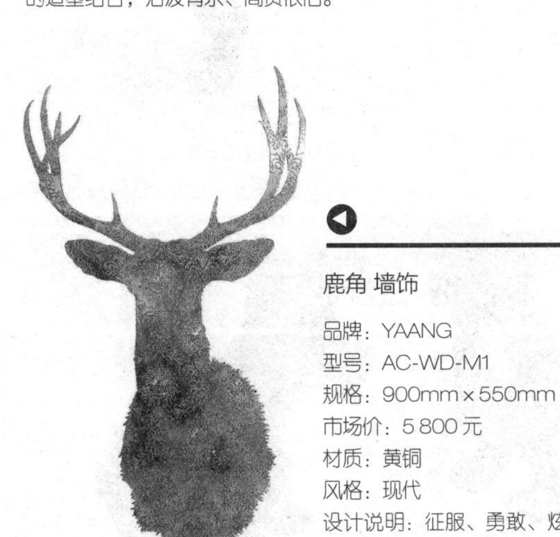

鹿角 墙饰

品牌：YAANG
型号：AC-WD-M1
规格：900mm×550mm
市场价：5 800 元
材质：黄铜
风格：现代
设计说明：征服、勇敢、炫耀……对前人狩猎生活的向往。

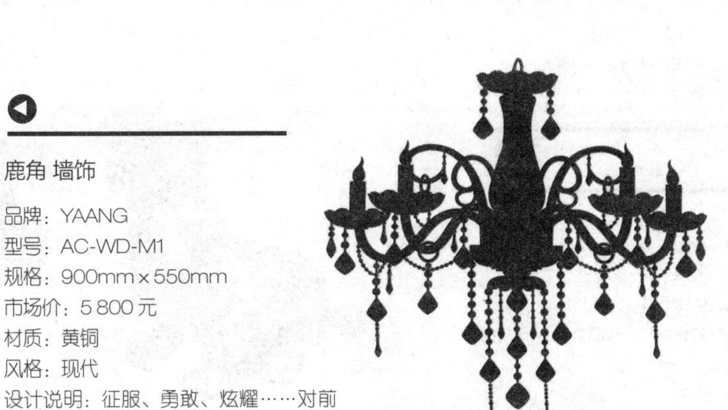

幻影 水晶墙饰

品牌：YAANG
型号：CR-CL-P01
规格：730mm×700mm×0.50mm
市场价：748 元
材质：亚克力
风格：现代
设计说明：无论是巴洛克还是维多利亚，都是奢华优雅的时代代表。

摆件

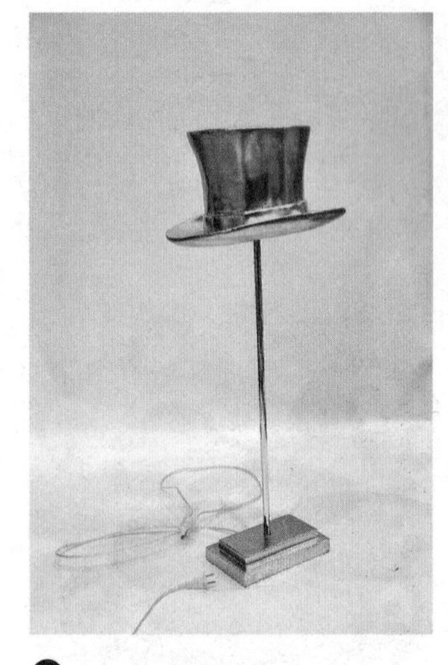

帽灯（女士帽）

品牌：欣意美
型号：M10642
规格：300mm × 300mm × 720mm
市场价：1 280 元
材质：金箔
风格：现代、后现代

帽灯（蝴蝶结）

品牌：欣意美
型号：M10640
规格 480mm × 480mm × 850mm
市场价：1 390 元
材质：金箔
风格：现代、后现代

帽灯（礼帽）

品牌：欣意美
型号：M10641
规格：300mm × 300mm × 830mm
市场价：1 280 元
材质：金属
风格：现代、后现代

帽灯（牛仔帽）

品牌：欣意美
型号：M10643
规格：310mm × 310mm × 620mm
市场价：1 280 元
材质：金箔
风格：现代、后现代

钻石鹤

品牌：欣意美
型号：M10742
规格：800mm × 450mm × 1050mm
市场价：4 600 元
材质：哑白、中国红玻璃钢
风格：现代、后现代

狗

品牌：欣意美
型号：M10651+ 帽子、M10651+ 皇冠
规格：420mm × 210mm × 220mm
市场价：1 255 元
材质：桃红色玻璃钢
风格：现代、后现代

钻石鹤

品牌：欣意美
型号：M10741
规格：600mm × 450mm × 1500mm
市场价：4 600 元
材质：哑白、中国红玻璃钢
风格：现代、后现代

足球

品牌：生活本木
型号：WN-001
规格：1:1储蓄足球
市场价：620元
材质：美国硬枫木、黑胡桃木

足球

品牌：生活本木
型号：WN-001
规格：1:1音箱收音机足球
市场价：920元
材质：美国硬枫木、黑胡桃木

迷你小提琴

品牌：欣意美
型号：M10731
规格：100mm×130mm×380mm
市场价：478元
材质：桃红色玻璃钢
风格：现代、后现代

飞狮

品牌：欣意美
型号：M10739
规格：450mm×280mm×410mm
市场价：1 318元
材质：玻璃钢
风格：现代、后现代

牧羊犬

品牌：欣意美
型号：M10729
规格：350mm×210mm×330mm
市场价：998元
材质：哑白，衣服和眼睛是黑色，领带是红色玻璃钢
风格：现代、后现代

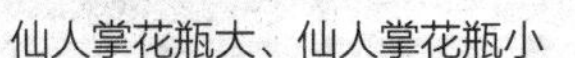

仙人掌花瓶大、仙人掌花瓶小

品牌：欣意美
型号：M10736、M10737
规格：300mm×140mm×540mm
130mm×260mm×450mm
市场价：895元、698元
材质：哑白、浅紫色玻璃钢
风格：现代、后现代

王的盛宴·椅子

品牌：生活本木
型号：BM-001
规格：1300mm×550mm×600mm
市场价：60 000元
材质：美国红橡木
风格：原创

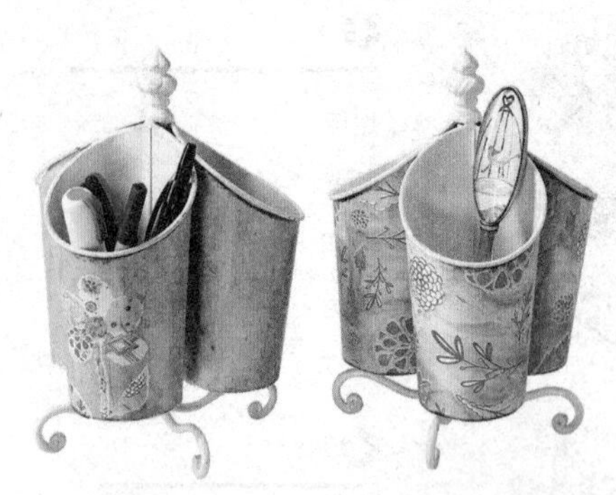

铁制餐具收纳桶

品牌：可立特家居
型号：DA1170A
规格：Φ15.50mm × H240mm
市场价：159 元
材质：铁
风格：童心未泯
设计说明：这两款餐具收纳桶极具童真气息，天蓝色、红色以及缤纷花卉的运用令人心情愉快。

树脂青蛙配迷你玻璃花瓶

品牌：可立特家居
型号：DE3935
规格：L150mm × H17.80mm
市场价：129 元
材质：树脂、玻璃
风格：轻奢都市
设计说明：表情憨厚可人的两只青蛙各抱着一个玻璃花瓶，温柔地看着你，像是童话里的青蛙王子，抱着花束在跟你表白。

小鸟造型盖高脚玻璃罐

品牌：可立特家居
型号：DE5765
规格：H330mm
市场价：189 元
材质：玻璃
风格：地中海
设计说明：小鸟造型瓶盖方便使用者打开，既能当把手，在不使用时，也可起到观赏性作用。

蝴蝶图案陶瓷珠宝盒

品牌：可立特家居
型号：DE3916A
规格：Φ140mm × H90mm
市场价：79 元
材质：陶瓷
风格：户外花园
设计说明：珠宝盒的设计要么够豪气，要么够典雅。这款珠宝盒明显走的是后一种路线。做旧的浅色调为底色，两只色彩鲜艳、造型高调的蝴蝶作为盒盖装饰，为使用者增光不少。

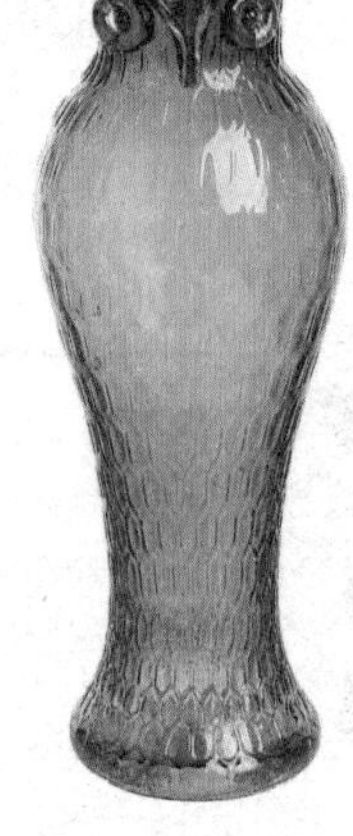

猫头鹰造型玻璃花瓶

品牌：可立特家居
型号：DA0086
规格：Φ130mm × H360mm
市场价：389 元
材质：玻璃
风格：轻奢都市
设计说明：这款玻璃花瓶走的是轻奢都市风，蓝色与光洁的玻璃材质令玻璃质感十足，色彩奢华，而猫头鹰造型体现设计师的个性与创意。

杉木底座花园风灯

品牌：可立特家居
型号：DE5941
规格：L25.50mm × H1130mm
市场价：899 元
材质：杉木
风格：户外花园
设计说明：黑框透明玻璃灯罩与杉木底座结合，放置于花园某处，成功与大自然融为一体。

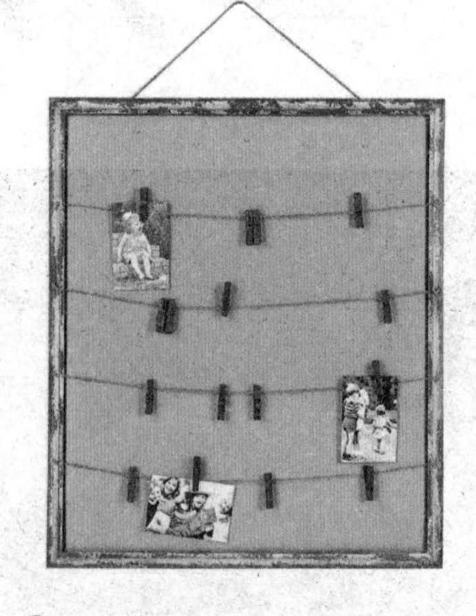

松木 / 麻布多功能相片 / 卡片夹

品牌：可立特家居
型号：DA0211
规格：L710mm × W 30mm × H81.50mm
市场价：599 元
材质：松木、麻布
风格：法式休闲
设计说明：松木相片夹朴素自然，而麻布最体现气质，两者相衬，将法式休闲完美诠释。

金属锈色小花房

品牌：可立特家居
型号：DE5950
规格：L300mm×W300mm×H550mm
L250mm×W250mm×H420mm
市场价：999 元
材质：金属
风格：户外花园
设计说明：这是一套迷你型花房，用金属制成，保证了其坚固性，而锈色令其看起来更加可靠。

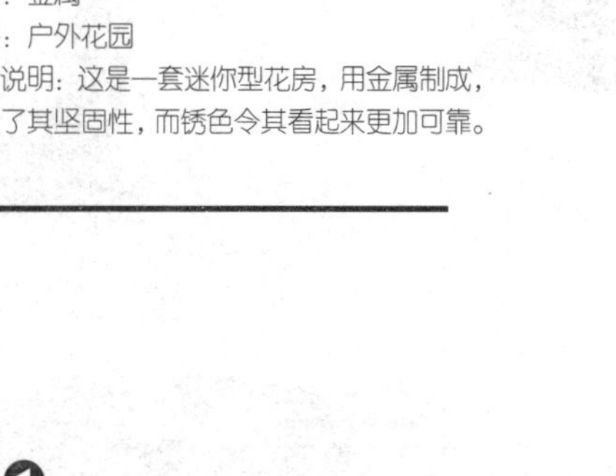

模特造型首饰架

品牌：可立特家居
型号：DE2688A
规格：H370mm
市场价：169 元
材质：树脂
风格：法式休闲
设计说明：身着华美衣裳的模特身架上披挂上几串珠宝首饰，一个性感优雅的女郎便驻立眼前。

金属埃菲尔铁塔摆饰

品牌：可立特家居
型号：DE2362
规格：L260mm × W260mm × H645mm
市场价：258 元
材质：金属
风格：美式经典
设计说明：当高大上的艾菲尔铁塔被金属制造成结构分明、线条清晰的框架时，人们对它的印象更为直观，便于捧在手中仔细审视。

小鸟陶瓷摆饰

品牌：可立特家居
型号：DE6217
规格：H16.50mm
市场价：149 元
材质：陶瓷
风格：户外花园
设计说明：这款陶瓷摆饰以灰蓝色打底，部分区域故意留有做旧痕迹，类似泥土色的做旧部分与灰蓝色相衬，避免了产品过于清新而平凡，同时也更适用于户外花园。

陶瓷花瓶大号

品牌：Harbor House
型号：105251
规格：L37.5×W27.5×H380mm
市场价：598 元
材质：陶瓷

树脂狗狗提钟摆饰

品牌：可立特家居
型号：DE7261
规 格：L15.50mm × W140mm × H44.50mm
市场价：399 元
材质：树脂
风格：美式经典
设计说明：将狗拟人化，穿上红色披风外套、米色领巾、墨绿色衬衫，风度翩翩地站立着，一手叉腰一手提着钟，不失为一款个性陈设。

彩色玻璃瓶塞玻璃装饰瓶

品牌：可立特家居
型号：DE3020A
规格：Φ80mm × H290mm
市场价：179 元
材质：玻璃
风格：波西米亚
设计说明：做旧的绿色、蓝色、橙色更具艺术性，玻璃材质的光洁加上彩绘装饰手法，令产品将波西米亚风格发挥得淋漓尽致。

金属猫造型书档

品牌：可立特家居
型号：DE3025
规格：H180mm
市场价：249 元
材质：金属
风格：美式经典
设计说明：两只黑猫分别伸出前腿作出阻挡姿势，组合在一起便成了防止书籍滑落的书架，生动有趣。

蓝色树脂复古相框

品牌：可立特家居
型号：DA2296
规格：L17.50mm×W1.80mm×H22.50mm
市场价：149 元
材质：树脂
风格：轻奢都市
设计说明：蓝色与金色的色彩组合轻奢且复古，别有一番韵味。

松木底座迷你玻璃花瓶

品牌：可立特家居
型号：DE2046
规格：W150mm×H580mm
市场价：299 元
材质：松木、玻璃
风格：户外花园
设计说明：以松木为底座支撑起的玻璃花瓶像几颗水滴般滑落，纤细优美的水滴姿态盛装几棵绿植，空气也因此清新起来。

树脂泳装美女摆饰

品牌：可立特家居
型号：DE1576A
规格：H20.50mm
市场价：129 元
材质：树脂
风格：地中海
设计说明：两个戴烟灰色帽子、穿烟灰色裙子的女人坐于同色圆球上，健康的小麦色皮肤在树脂材质的装饰下油光可鉴，沉思着的神态令人物更加传神。

松木多孔相框

品牌：可立特家居
型号：DE1317
规格：L59.50mm×H52.50mm
市场价：699 元
材质：松木
风格：清新都市
设计说明：或浅或深色调的松木令相框显得清新十足，方形、长形、圆形让相框不显得单调，提供多种选择。

木制组合相框

品牌：可立特家居
型号：DE6899
规格：L89.50mm×H83.50mm
市场价：1 299 元
材质：木材
风格：法式休闲
设计说明：这款组合相框采用了黑色、浅木色、深木色、灰绿色，做旧的效果和精致的雕刻打磨，展现法式休闲风格。

树脂男孩骑马摆饰

品牌：可立特家居
型号：DA0052
规格：L250mm × W7.50mm × H290mm
市场价：299 元
材质：树脂
风格：美式经典
设计说明：男孩骑马这个素材本身的气质是坚硬的，但由于采用了树脂材质，这款摆饰瞬间多了几分阳光与悠闲，缓解了紧张感。

陶瓷鱼书档

品牌：可立特家居
型号：DA0314A
规格：L240mm × W80mm × H170mm
市场价：249 元
材质：陶瓷
风格：地中海
设计说明：两款鱼型书档色彩明丽、造型活泼，让人心情大好，将地中海风格展现得淋漓尽致。

树脂美人鱼书档

品牌：可立特家居
型号：DE2163
规格：L280mm × H220mm
市场价：299 元
材质：树脂
风格：地中海
设计说明：这款树脂美人鱼书档在不使用时，鱼头和鱼尾是分开的，只有在使用时，在中间插入书籍，才能看到完整的美人鱼，放置于书架上，赏心悦目。

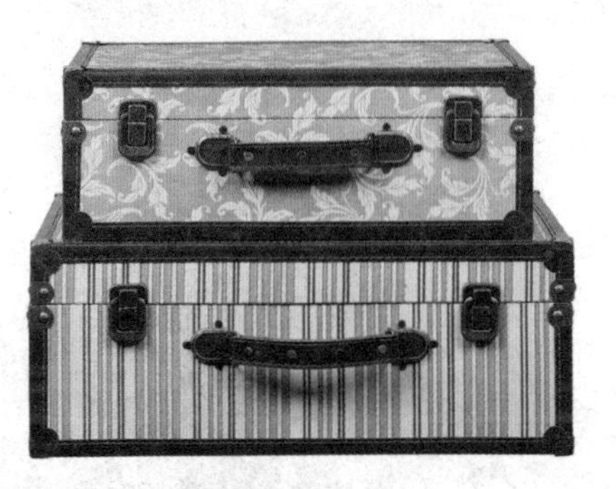

木制收纳箱

品牌：可立特家居
型号：DE6433
规格：L460mm × W330mm × H175mm,
L400mm × W290mm × H140mm
市场价：729 元
材质：木材
风格：户外花园
设计说明：两套木制收纳箱分别有不一样的图纹饰面，青与白相间的花纹图案或条纹图案令典雅的木制收纳箱多了几分少女的清新。

古金色树脂椭圆相框

品牌：可立特家居
型号：DA2285
规格：L18.70mm × W20mm × H220mm
市场价：169 元
材质：树脂
风格：轻奢都市
设计说明：这款相框走的是轻奢都市风，因此采用了奢华贵气的古金色作为相框边框，树脂材质则是对金色的过于奢华起到缓冲作用。

黑色金属自行车摆饰

品牌：可立特家居
型号：DE0955
规格：L390mm × H280mm
市场价：119 元
材质：金属
风格：美式经典
设计说明：动感十足的自行车摆饰因为黑色金属材质而显得更加摇滚、帅气，不失为年轻朋友的送礼佳品。

古金色树脂仿古镜面相框

品牌：可立特家居
型号：DA2295
规格：L19.50mm × W1.50mm × H24.45
市场价：179 元
材质：树脂、镜面
风格：轻奢都市
设计说明：古金色已经足够华贵，再加上黑色的点缀，更为高大上。

树脂小鸟摆饰

品牌：可立特家居
型号：DE3683
规格：Φ90mm × H15.50mm
市场价：79 元
材质：树脂
风格：户外花园
设计说明：扑扇着翅膀的小鸟站在一高一矮两个圆球支架上，生趣盎然，石头色令摆饰区别于通常的小清新气息，而多了几分朴实。

陶瓷小花瓶塞玻璃装饰瓶

品牌：可立特家居
型号：DE7277
规格：L10.50mm × W10.50mm × H20.50mm
市场价：149 元
材质：陶瓷、玻璃
风格：法式休闲
设计说明：陶瓷材质的瓶塞看上去高贵大气，小花造型优美，为玻璃装饰瓶增添姿色。

木制书挡

品牌：Harbor House
型号：103280
规格：L13mm × W9mm × H200mm
市场价：298 元
材质：阿拉伯树胶木

树脂小鸟书挡

品牌：可立特家居
型号：DE3641
规格：L43.50mm × W8.50mm × H24.50mm
市场价：429 元
材质：树脂
风格：法式休闲
设计说明：做旧的树脂和典雅的白色相衬，兼具优雅和悠闲气质。

古典矛头瓶塞彩色玻璃罐

品牌：可立特家居
型号：DE2987A
规格：L100mm × H260mm
市场价：219 元
材质：玻璃
风格：波西米亚
设计说明：矛头造型瓶塞与彩色色彩组合，将波西米亚的浪漫和个性显现。

小鸟图案木制挂钩

品牌：可立特家居
型号：DE3896A
规格：L12.50mm×H240mm
市场价：119 元
材质：木材
风格：法式休闲
设计说明：挂钩以白色为底，勾型有着优美的弧度，而勾面上的小鸟造型进一步将法式休闲风格展现。

黄麻铁框储物篮

品牌：Harbor House
型号：105557
规格：L33mm×W26mm×H240mm
市场价：168 元
材质：黄麻、纸板、铁框

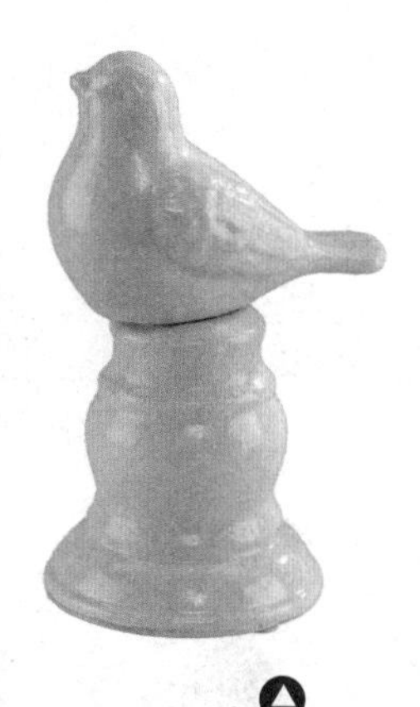

色釉陶制小鸟装饰摆件

品牌：Harbor House
型号：104529
规格：L16mm×W12mm×H23.50mm
市场价：138 元
材质：陶瓷

长方形藤编篮框

品牌：Harbor House
型号：104545
规格：L45mm×W31.5mm×H22.50mm
市场价：680 元
材质：藤编

铁座玻璃风灯

品牌：Harbor House
型号：103915
规格：Φ20mm×H31.750mm
市场价：698 元
材质：玻璃、铁

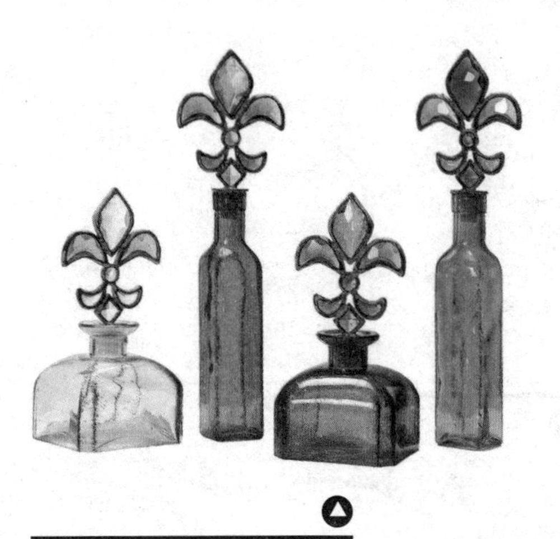

古典矛头瓶塞彩色玻璃罐

品牌：可立特家居
型号：DE2045
规格：W80mm×H340mm
市场价：179 元
材质：玻璃
风格：波西米亚
设计说明：浅蓝与深蓝、土黄与土橙，这样的色彩组合除了极具异域风情，还散发着古典气质。

黑色金属小鸟时钟

品牌：可立特家居
型号：DE0960
规格：H390mm
市场价：299 元
材质：金属
风格：美式经典
设计说明：经典的黑色为时钟铺垫下高贵气质，小鸟造型在此起到活跃气氛的作用。

小号烛台

品牌：美雅
型号：MAY8475 小号烛台
规格：210mm × 210mm × 360mm
市场价：1 138 元
材质：陶瓷、合金

大号烛台

品牌：美雅
型号：MAY8476 大号烛台
规格：260mm × 260mm × 470mm
市场价：1 418 元
材质：陶瓷、合金

装饰罐

品牌：美雅
型号：MAY8411 大号储物罐
规格：250mm × 250mm × 450mm
市场价：3 298 元
材质：陶瓷

台灯

品牌：美雅
型号：MAY8477 灯
规格：370mm × 370mm × 580mm
市场价：1 608 元
材质：陶瓷、合金

装饰罐

品牌：美雅
型号：MAY8410 小号储物罐
规格：210mm × 210mm × 370mm
市场价：2 398 元
材质：陶瓷

大号三鸟花插

品牌：美雅
型号：MAY8440 大号三鸟花插
规格：265mm × 200mm × 410mm
市场价：1 338 元
材质：陶瓷镀金

小号三鸟花插

品牌：美雅
型号：MAY8439 小号三鸟花插
规格：220mm × 170mm × 305mm
市场价：888 元
材质：陶瓷镀金

双耳大号花插

品牌：美雅
型号：MAY8442 双耳大号花插
规格：325mm × 145mm × 300mm
市场价：918 元
材质：陶瓷镀金

双耳小号花插

品牌：美雅
型号：MAY8441 双耳小号花插
规格：280mm × 130mm × 250mm
市场价：728 元
材质：陶瓷镀金

储物罐

品牌：美雅
型号：MAY8407 中储物罐
规格：170mm×160mm×540mm
市场价：2 188 元
材质：陶瓷、铜

储物罐

品牌：美雅
型号：MAY8408 高储物罐
规格：170mm×170mm×700mm
市场价：2 488 元
材质：陶瓷、铜

花插

品牌：美雅
型号：MAY8400 花插
规格：185mm×185mm×490mm
市场价：1 680 元
材质：陶瓷、铜

大号储物罐

品牌：美雅
型号：MAY8399 大号储物罐
规格：210mm×210mm×510mm
市场价：1 528 元
材质：陶瓷、铜

小号储物罐

品牌：美雅
型号：MAY8398 小号储物罐
规格：180mm×180mm×410mm
市场价：960 元
材质：陶瓷、铜

储物罐

品牌：美雅
型号：MAY8406 低储物罐
规格：290mm×210mm×410mm
市场价：2 488 元
材质：陶瓷、铜

花插

品牌：美雅
型号：MAY8383 花插
规格：260mm×260mm×470mm
市场价：1 768 元
材质：铜、合金、玻璃

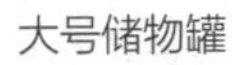

大号储物罐

品牌：美雅
型号：MAY8435 小号储物罐
规格：210mm×210mm×510mm
市场价：1 528 元
材质：陶瓷、合金

花插

品牌：美雅
型号：MAY8437 花插
规格：185mm×185mm×490mm
市场价：1 680 元
材质：陶瓷、合金

小号储物罐

品牌：美雅
型号：MAY8435 小号储物罐
规格：180mm×180mm×410mm
市场价：960 元
材质：陶瓷、合金

高储物罐

品牌：美雅
型号：MAY8381 高储物罐
规格：230mm×230mm×570mm
市场价：2 708 元
材质：铜、合金、玻璃

低储物罐

品牌：美雅
型号：MAY8380 低储物罐
规格：240mm×240mm×460mm
市场价：2 468 元
材质：铜、合金、玻璃

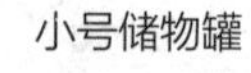

小号储物罐

品牌：美雅
型号：MAY8367 小号储物罐
规格：180mm × 180mm × 410mm
市场价：960 元
材质：陶瓷、合金

花插

品牌：美雅
型号：MAY8378 花插
规格：200mm × 200mm × 450mm
市场价：1 598 元
材质：陶瓷、合金

长方形储物罐

品牌：美雅
型号：MAY8377 长方形储物罐
规格：240mm × 150mm × 285mm
市场价：1 038 元
材质：陶瓷、合金

花插

品牌：美雅
型号：MAY8369 花插
规格：185mm × 185mm × 490mm
市场价：1 680 元
材质：陶瓷、合金

大号储物罐

品牌：美雅
型号：MAY8368 大号储物罐
规格：210mm × 210mm × 510mm
市场价：1 528 元
材质：陶瓷、合金

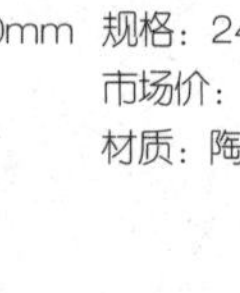

低储物罐

品牌：美雅
型号：MAY8360 低储物罐
规格：210mm × 210mm × 210mm
市场价：1 058 元
材质：陶瓷

花插

品牌：美雅
型号：MAY8353 花插
规格：210mm × 210mm × 560mm
市场价：1 800 元
材质：陶瓷、合金

花插

品牌：美雅
型号：MAY8362 花插
规格：160mm × 160mm × 510mm
市场价：2 158 元
材质：陶瓷、合金

高储物罐

品牌：美雅
型号：MAY8361 高储物罐
规格：160mm × 160mm × 350mm
市场价：1 058 元
材质：陶瓷

托盘

品牌：美雅
型号：MAY8352 托盘
规格：390mm × 240mm × 40mm
市场价：788 元
材质：陶瓷

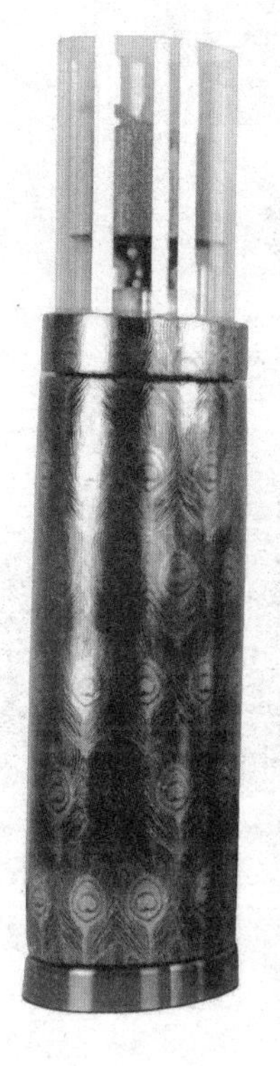

低烛台

品牌：美雅
型号：MAY8355 低烛台
规格：140mm×140mm×490mm
市场价：1 518 元
材质：陶瓷、合金

中储物罐

品牌：美雅
型号：MAY8341 中储物罐
规格：230mm×230mm×450mm
市场价：2 118 元
材质：陶瓷、合金

高储物罐

品牌：美雅
型号：MAY8359 高储物罐
规格：145mm×115mm×320mm
市场价：988 元
材质：陶瓷、合金

高烛台

品牌：美雅
型号：MAY8356 高烛台
规格：140mm×140mm×630mm
市场价：1 668 元
材质：陶瓷、合金

低储物罐

品牌：美雅
型号：MAY8358 低储物罐
规格：195mm×110mm×180mm
市场价：888 元
材质：陶瓷、合金

低储物罐

品牌：美雅
型号：MAY8340 低储物罐
规格：260mm×260mm×320mm
市场价：1 468 元
材质：陶瓷、合金

绿色小号首饰盒

品牌：美雅
型号：MAY8496
规格：220mm×170mm×80mm
市场价：1 138 元
材质：玻璃、合金

高储物罐

品牌：美雅
型号：MAY8342 高储物罐
规格：320mm×320mm×570mm
市场价：3 338 元
材质：陶瓷、合金

暗红色托盘

品牌：美雅
型号：MAY8498 暗红色托盘
规格：400mm×300mm×50mm
市场价：1 068 元
材质：玻、合金

美人蕉留声机

品牌：美人蕉
型号：MRJ-2010
规格：600mm×500mm×1900mm
市场价：32 500 元
材质：实木、纯铜

美人蕉留声机

品牌：美人蕉
型号：MRJ-1811L
规格：550mm×420mm×1850mm
市场价：14 750 元
材质：实木、纯铜

美人蕉留声机

品牌：美人蕉
型号：MRJ-1887
规格：640mm×480mm×1810mm
市场价：17 875 元
材质：实木、纯铜

美人蕉留声机

品牌：美人蕉
型号：MRJ-1885
规格：580mm×490mm×1860mm
市场价：16 250 元
材质：实木、纯铜

美人蕉留声机

品牌：美人蕉
型号：MRJ-1918A
规格：600mm×480mm×1900mm
市场价：15 625 元
材质：实木、纯铜

美人蕉留声机

品牌：美人蕉
型号：MRJ-1817
规格：510mm×410mm×1800mm
市场价：14 750 元
材质：实木、纯铜

美人蕉留声机

品牌：美人蕉
型号：MRJ-1883
规格：590mm×440mm×1850mm
市场价：15 000 元
材质：实木、纯铜

美人蕉留声机

品牌：美人蕉
型号：MRJ-1911B
规格：600mm×490mm×1880mm
市场价：17 875
材质：实木、纯铜

铜制地球仪

品牌：Harbor House
型号：101768
规格：Φ21.6mm×H34.30mm
市场价：980 元
材质：铜

铜制座钟（小号）

品牌：Harbor House
型号：102677
规格：L15.2mm×W7.6mm×H16.50mm
市场价：998 元
材质：铜

美人蕉留声机

品牌：美人蕉
型号：MRJ-1912
规格：600mm×470mm×1820mm
市场价：17 875 元
材质：实木、纯铜

铜制座钟

品牌：Harbor House
型号：101771
规格：Φ10.20mm
市场价：398 元
材质：铜、玻璃

贝母相框（7 寸照）

品牌：Harbor House
型号：102222
规格：L19.5mm×W24.50mm，7 寸照
市场价：528 元
材质：铝、贝母

镀银对鸟

品牌：Harbor House
型号：102330
规格：L140mm
市场价：68 000 元
材质：铜

实木相框（6 寸照）

品牌：Harbor House
型号：102288
规格：L19mm×W240mm，6 寸照
市场价：158 元
材质：实木

黄铜包芒果木装饰盒 2 件套

品牌：Harbor House
型号：102816
规格：（S）L10.2mm×W10.2mm×H10.20mm
（L）L14mm×W14mm×H140mm
市场价：468 元
材质：芒果木、铜

金属古典壁挂式烛台（含烛杯）

品牌：可立特家居
型号：HD5742
规格：H53.50mm
市场价：249 元
材质：金属
风格：波西米亚
设计说明：精致繁复的烛台壁挂兼具功能性与美观性，金属材质赋予它更多的经典气质。

迷·台灯

品牌：YAANG
型号：LI-TL-X2
规格：240mm×240mm×500mm
市场价：7 800 元
材质：黄铜
风格：现代
设计说明：白兰地杯造型与镂空花纹带来昼夜间的光影转化。

东·台灯

品牌：YAANG
型号：LI-TL-E1
规格：150mm×150mm×650mm
市场价：980 元
材质：铁板烤漆
风格：现代
设计说明：代表了上海的东方明珠，透着温暖的光晕。

品·台灯

品牌：YAANG
型号：LI-TL-X1
规格：230mm×230mm×700mm
市场价：7 200 元
材质：黄铜
风格：现代
设计说明：光线透过小孔隐现出双喜字样，纯手工打造。

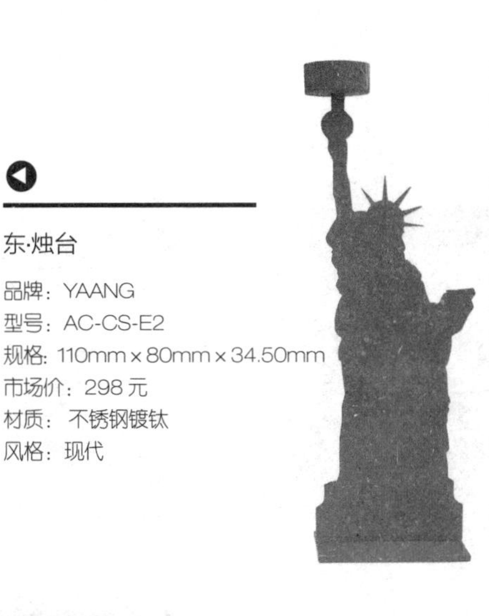

东·烛台

品牌：YAANG
型号：AC-CS-E2
规格：110mm x 80mm x 34.50mm
市场价：298 元
材质：不锈钢镀钛
风格：现代

西·烛台

品牌：YAANG
型号：AC-CS-W1
规格：110mm x 80mm x 34.50mm
市场价：268 元
材质：铁板烤漆
风格：现代

西·烛台

品牌：YAANG
型号：AC-CS-W2
规格：110mm x 80mm x 34.50mm
市场价：298 元
材质：不锈钢镀钛
风格：现代

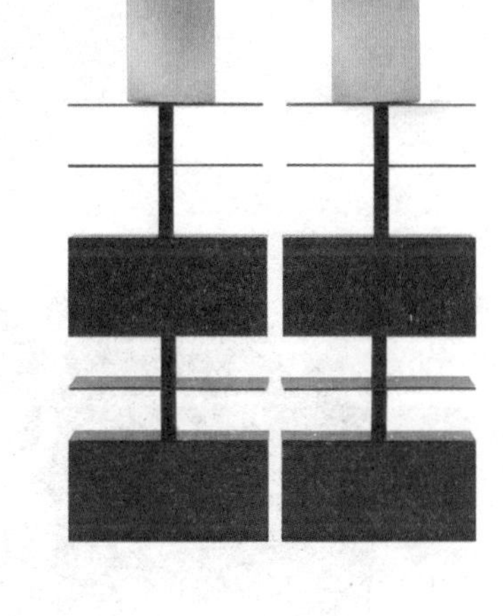

双喜·烛台

品牌：YAANG
型号：AC-CS-X1
规格：100mm x 50mm x 260mm
市场价：580 元
材质：铁板烤漆
风格：现代
设计说明：传统的东方情感转化为现代波普的生活情趣。

东·烛台

品牌：YAANG
型号：AC-CS-E1
规格：110mm x 80mm x 34.50mm
市场价：268 元
材质：铁板烤漆
风格：现代
设计说明：波普而现代的形式让城市的象征鲜明而有趣。

杉木底座玻璃烛台

品牌：可立特家居
型号：DE2853
规格：L16.50mm × H30.50mm
市场价：339 元
材质：杉木、玻璃
风格：户外花园
设计说明：有年代感的杉木作为烛台底座为产品铺垫质感，米白色蜡烛置于其上，再被透明玻璃笼罩，一股圣洁的气息扑面而来。

西·台灯

品牌：YAANG
型号：LI-TL-W1
规格：150mm x 150mm x 650mm
市场价：980 元
材质：铁板烤漆
风格：现代
设计说明：将代表现代西方价值的象征符号纳入家中。

救火·烛台

品牌：YAANG
型号：AC-CS-JH1
规格：110mm × 80mm × 230mm
市场价：268 元
材质：铁板烤漆
风格：现代
设计说明：是点燃内心的烈火还是熄灭它，无需选择。

花·烛台

品牌：YAANG
型号：AC-CS-H1
规格：100mm × 100mm × 100mm
市场价：480 元
材质：拉丝不锈钢
风格：现代

芳·烛台

品牌：YAANG
型号：AC-CS-F1
规格：100mm × 100mm × 100mm
市场价：480 元
材质：拉丝不锈钢
风格：现代

花·烛台

品牌：YAANG
型号：AC-CS-H2
规格：6.50mm × 6.50mm × 4.50mm
市场价：128 元
材质：拉丝不锈钢
风格：现代

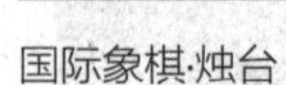

国际象棋·烛台

品牌：YAANG
型号：AC-CS-G11
AC-CS-G22
AC-CS-G33
AC-CS-G44
规格：110mm × 80mm × 270mm
110mm × 80mm × 250mm
110mm × 80mm × 21.5 0mm
110mm × 80mm × 200mm
市场价：268 元
材质：铁板烤漆
风格：现代
设计说明：王、后、丞、将，一个气势磅礴的烛光阵容。

格·烛台

品牌：YAANG
型号：AC-CS-G3
规格：80mm × 80mm × 60mm
市场价：280 元
材质：拉丝不锈钢
风格：现代

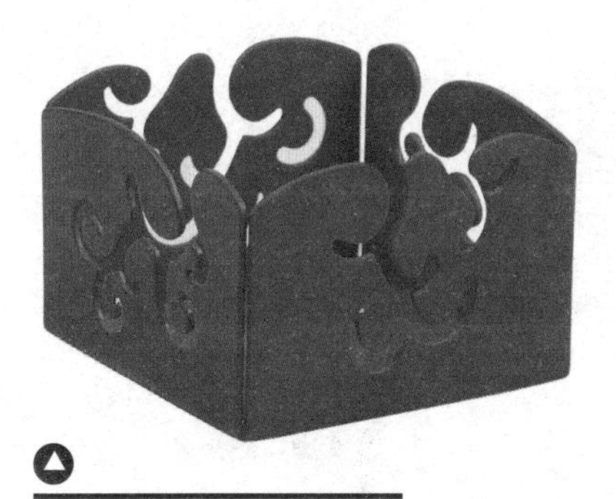

花·烛台

品牌：YAANG
型号：AC-CS-H2R
规格：6.50mm×6.50mm×4.50mm
市场价：128 元
材质：铁板烤漆
风格：现代

芳·烛台

品牌：YAANG
型号：AC-CS-F2R
规格：6.50mm×6.50mm×4.50mm
市场价：128 元
材质：铁板烤漆
风格：现代

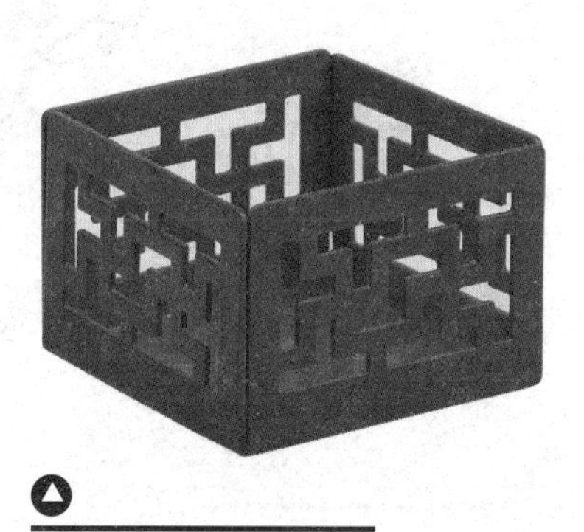

格·烛台

品牌：YAANG
型号：AC-CS-G2R
规格：6.50mm×6.50mm×4.50mm
市场价：128 元
材质：铁板烤漆
风格：现代

Spring 钥匙钩

品牌：YAANG
型号：AC-K-T1R
规格：200mm×90mm×0.50mm
市场价：198 元
材质：镜面不锈钢
风格：现代
设计说明：我们喜欢鸟语花香的清晨，从出门一刻开始吧。

Spring 烛台

品牌：YAANG
型号：AC-CS-T1G
规格：80mm×80mm×80mm
市场价：280 元
材质：铁板烤漆
风格：现代

Spring 烛台

品牌：YAANG
型号：AC-CS-T1
规格：80mm×80mm×80mm
市场价：280 元
材质：镜面不锈钢
风格：现代
设计说明：烛光就如钻入花丛中的阳光般闪烁不定。

Spring 钥匙钩

品牌：YAANG
型号：AC-K-T1
规格：200mm × 90mm × 0.50mm
市场价：198 元
材质：镜面不锈钢
风格：现代

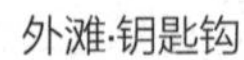

外滩·钥匙钩

品牌：YAANG
型号：AC-K-B1
规格：200mm × 90mm × 0.50mm
市场价：198 元
材质：拉丝不锈钢
风格：现代
设计说明：这个挂钩让外滩成了你家门后独特的风景。

双喜·茶壶底座

品牌：YAANG
型号：AC-TB-X1
规格：120mm × 120mm × 70mm
市场价：580 元
材质：不锈钢镀钛
风格：现代
设计说明：充满爱意的设计，温茶又暖心。

芳·茶壶底座

品牌：YAANG
型号：AC-TB-F1
规格：120mm × 120mm × 70mm
市场价：580 元
材质：不锈钢喷漆
风格：现代
设计说明：蜡烛透过镂空图案在桌面上产生了变幻的浪漫光影。

格·茶壶底座

品牌：YAANG
型号：AC-TB-G1
规格：120mm × 120mm × 70mm
市场价：580 元
材质：不锈钢喷漆
风格：现代
设计说明：重温那缕从传统中式家庭窗格中透出的光晕。

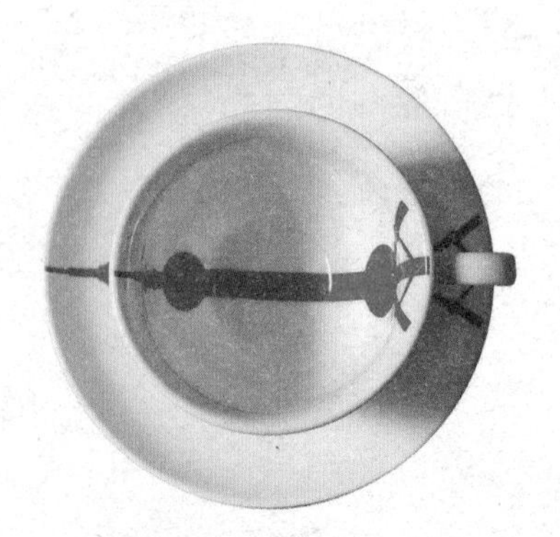

东·咖啡具

品牌：YAANG
型号：AC-CC-E1
规格：杯：Φ90mm × 60mm
盘：Φ140mm
市场价：148 元
材质：骨瓷
风格：现代
设计说明：轻松幽默的建筑，诠释了城市与人的共生关系。

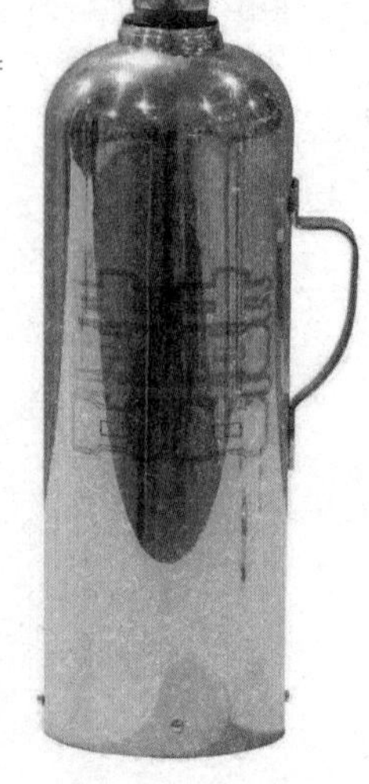

惊·热水瓶

品牌：YAANG
型号：AC-T-S1
规格：Φ12.50mm × 350mm
市场价：2 800 元
材质：黄铜
风格：现代
设计说明：中国标签的审美之作，熟悉的情感与当代的表象。

东·瓷盘 East plate

品牌：YAANG
型号：AC-PT-E8
规格：20.320mm
市场价：138 元
材质：骨瓷
风格：现代
设计说明：波普幽默的形式感丰富了生活的氛围。

欣喜·咖啡杯

品牌：YAANG
型号：AC-CC-X1X
规格：（杯）Φ90mm×60mm
（盘）Φ14 0mm
市场价：148 元
材质：骨瓷
风格：现代
设计说明：杯底的双喜就如沉在心底的喜悦一般持久。

若现·瓷盘

品牌：YAANG
型号：AC-PT-D8
规格：Φ20.32 0mm
市场价：138 元
材质：骨瓷
风格：现代
设计说明：凹凸质感的白色暗纹映衬了精致的东方生活。

雅红·瓷盘

品牌：YAANG
型号：AC-PT-EL10P
规格：Φ26.67 0mm
市场价：198 元
材质：骨瓷
风格：现代
设计说明：传统写意的中国石榴变得时尚而娇媚。

双喜·彩盘

品牌：YAANG
型号：AC-PT-X1B1
规格：Φ20.320mm
市场价：168 元
材质：骨瓷
风格：现代
设计说明：传统的中国双喜图案，时尚的当代流行色彩。

欣喜·瓷盘

品牌：YAANG
型号：AC-PT-X8
规格：Φ20.32 0mm
市场价：138 元
材质：骨瓷
风格：现代
设计说明：星与双喜的结合，典型的波普色彩。

欲·汤婆子

品牌：YAANG
型号：AC-HW-T2
规格：Φ180mm×100mm
市场价：880 元
材质：黄铜
风格：现代
设计说明：儿时温暖朴实的回忆也可可以让你充满欲望。

暖·热水瓶

品牌：YAANG
型号：AC-T-W1
规格：Φ150mm×390mm
市场价：6 800 元
材质：黄铜、皮革
风格：现代
设计说明：裹上皮草外衣的热水瓶流露着那份怀旧的高贵。

惊·水晶热水瓶

品牌：YAANG
型号：CR-CT-S01
规格 Φ12.50mm×350mm
市场价：3 800 元
材质：黄铜、水晶
风格：现代
设计说明：铜与水晶，当代审美重现演绎的过往好时光。

鎏金白描花卉盘

品牌：YAANG
型号：AC-PT-L10
规格：Φ26.67 0mm
市场价：298 元
材质：骨瓷
风格：现代
设计说明：传统白描结合鎏金效果，精致且有文化的意蕴。

双喜·水晶瓷盘

品牌：YAANG
型号：CR-CP-X01
规格：Φ26.67 0mm
市场价：1280 元
材质：水晶、骨瓷
风格：现代
设计说明：白色水晶与双喜带出对梦想圆满的直白追求。

鎏金白描花卉盘

品牌：YAANG
型号：AC-PT-L8
规格：Φ20.320mm
市场价：148 元
材质：骨瓷
风格：现代
设计说明：传统白描结合鎏金效果，精致与文化的意蕴。

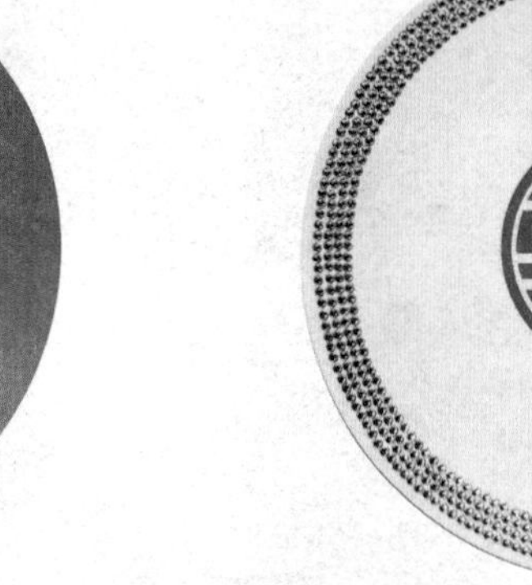

浓情蜜意·锅垫

品牌：YAANG
型号：AC-PM-H1
规格：Φ130mm
市场价：298 元
材质：拉丝不锈钢
风格：现代
设计说明：实用的设计中饱含一丝生活的甜蜜与智慧。

折纸·果盘

品牌：YAANG
型号：AC-FB-O1
规格：280mm × 280mm × 140mm
市场价：980 元
材质：不锈钢镀钛
风格：现代
设计说明：精巧的弯折让金属也显得饱含柔情。

花好月圆·锅垫

品牌：YAANG
型号：AC-PM-D1
规格：Φ130mm
市场价：298 元
材质：拉丝不锈钢
风格：现代
设计说明：以月饼为灵感的锅垫带来内心的团圆与美满。

Spring 果盘

品牌：YAANG
型号：AC-FB-T1
规格：Φ530mm × 60mm
市场价：1080 元
材质：镜面不锈钢
风格：现代
设计说明：不经意间的弯曲花丛中闪跃着春天的翠鸟。

Spring 果盘

品牌：YAANG
型号：AC-FB-T1G
规格：Φ530mm × 60mm
市场价：1080 元
材质：不锈钢镀钛
风格：现代
设计说明：不经意间的弯曲花丛中闪跃着春天的翠鸟。

Love 果盘

品牌：YAANG
型号：AC-T-P1
规格：290mm×290mm
市场价：480 元
材质：不锈钢喷漆
风格：现代
设计说明：甜蜜的滋味当然就应该是粉色的。

密码·托盘

品牌：YAANG
型号：AC-T-PF1
规格：280mm×280mm×40mm
市场价：980 元
材质：不锈钢镀钛
风格：现代
设计说明：端茶送水之间其实也饱含心情的密码。

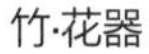

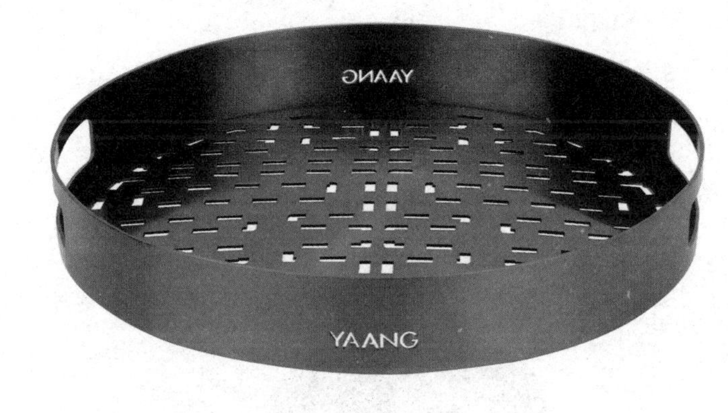

密码托盘

品牌：YAANG
型号：AC-T-PY1
规格：Φ280mm×40mm
市场价：980 元
材质：不锈钢镀钛
风格：现代

开心·蛋糕铲

品牌：YAANG
型号：CR-CS-KX01
规格：260mm×110mm
市场价：2 180 元
材质：水晶、镜面不锈钢
风格：现代
设计说明：开心就是把心打开，爱礼的不二之选。

竹·花器

品牌：YAANG
型号：AC-V-B1B
规格：Φ100mm×100mm
市场价：268 元
材质：木质漆器
风格：现代

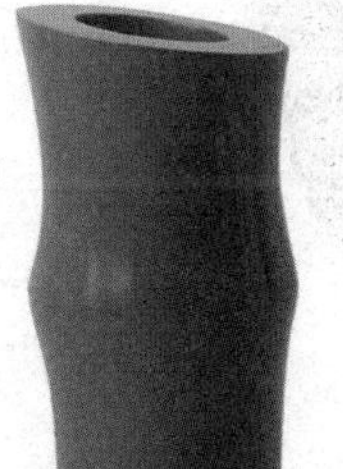

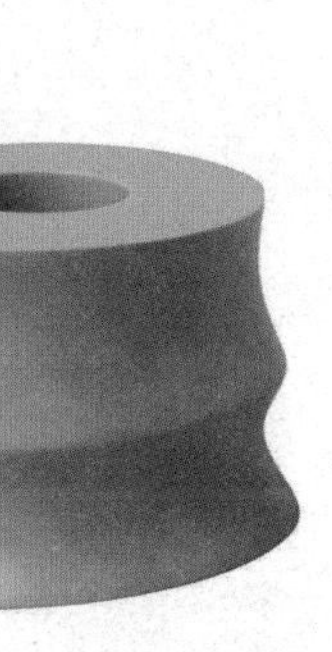

竹·花器

品牌：YAANG
型号：AC-H-G1
规格：Φ70mm×250mm
市场价：298 元
材质：木质漆器
风格：现代
设计说明：清雅的竹子承载了内心安静的现代生活。

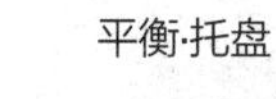

平衡·托盘

品牌：YAANG
型号：AC-T-B1
规格：300mm×600mm×40mm
市场价：860 元
材质：木质漆器
风格：现代
设计说明：茶香在左，茶境在右，平衡生活就是这样简单。

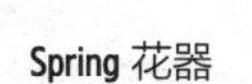

竹·花器

品牌：YAANG
型号：AC-V-B2W
规格：Φ70mm×250mm
市场价：298 元
材质：木质漆器
风格：现代
设计说明：清雅的竹子承载了内心安静的现代生活。

Spring 花器

品牌：YAANG
型号：AC-V-T2
规格：280mm×4.50mm×60mm
市场价：398 元
材质：不锈钢喷漆
风格：现代
设计说明：美妙生活就该带着这样一缕撩人心怀的春意。

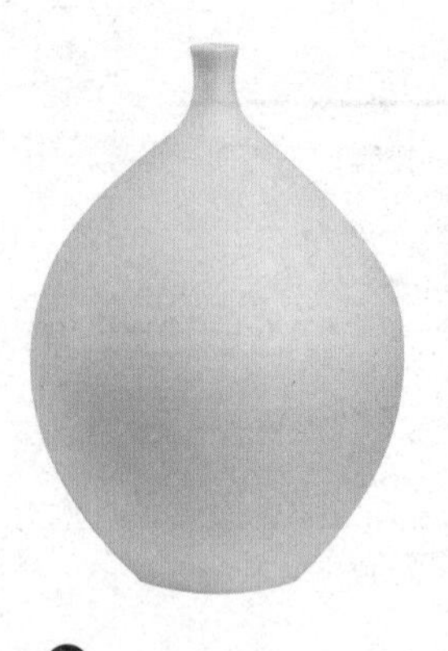

淡远·花器

品牌：YAANG
型号：AC-V-P3
规格：Φ150mm×320mm
市场价：268 元
材质：陶瓷
风格：现代

蝶恋花·瓷盘

品牌：YAANG
型号：Y-CP-DLH01
规格：Φ20.32 0mm
市场价：168 元
材质：骨瓷
风格：现代
设计说明："彩蝶轻俯，丛中桃花浅。"来自于我国词牌蝶恋花的意韵。

淡远·花器

品牌：YAANG
型号：AC-V-P4W
规格：Φ110mm×180mm
市场价：268 元
材质：木材
风格：现代

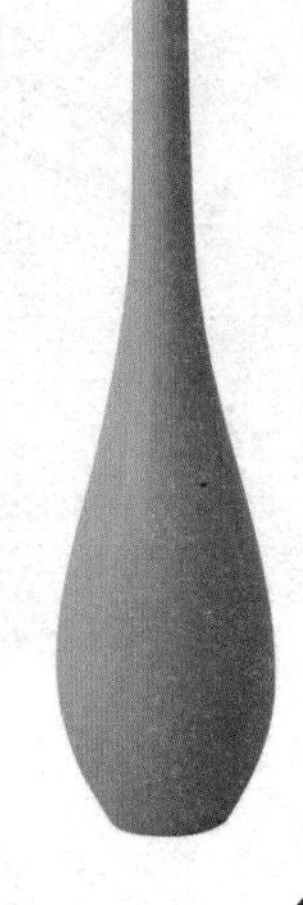

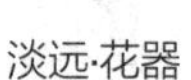

淡远·花器

品牌：YAANG
型号：AC-V-YJ2
规格：Φ60mm×240mm
市场价：268 元
材质：木材
风格：现代
设计说明：用来盛载生活心情的实用爱物。

淡远·花器

品牌：YAANG
型号：AC-H-G2
规格：Φ150mm×220mm
市场价：268 元
材质：木材
风格：现代

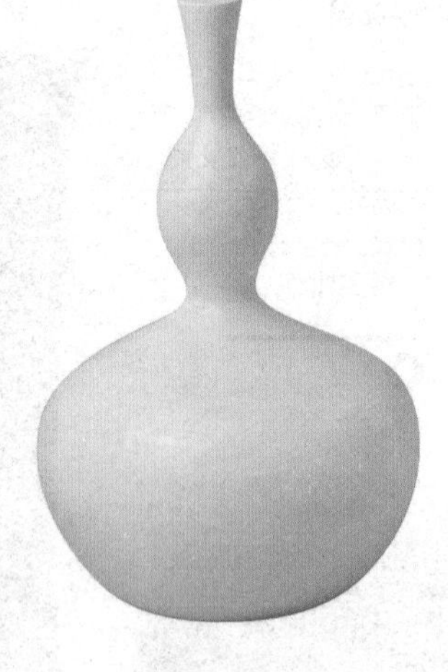

淡远·花器

品牌：YAANG
型号：AC-V-P4
规格：Φ130mm×200mm
市场价：268 元
材质：木材
风格：现代

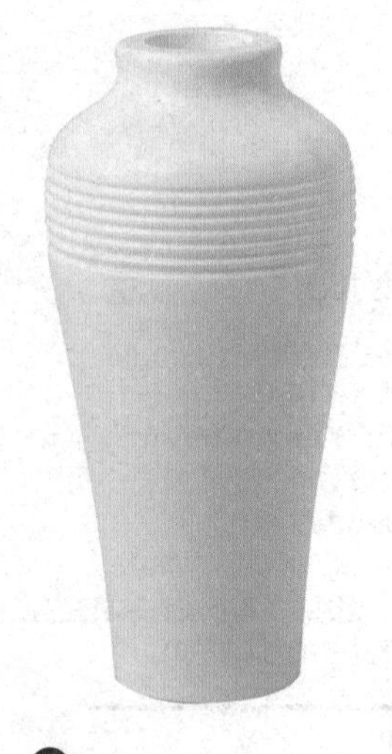

淡远·花器

品牌：YAANG
型号：AC-V-P1W
规格：Φ120mm×250mm
市场价：268 元
材质：陶瓷
风格：现代

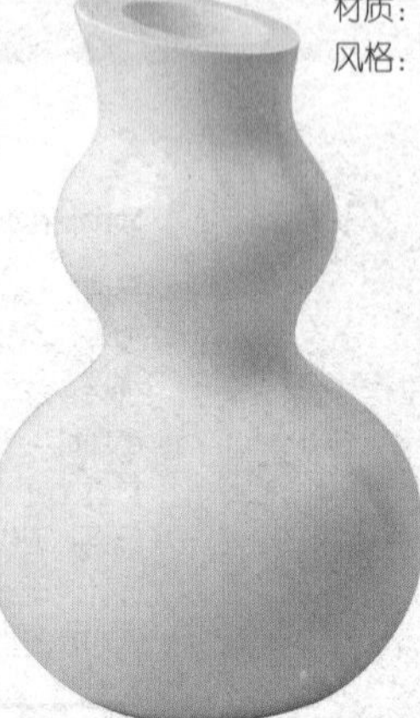

淡远·花器

品牌：YAANG
型号：AC-V-P1
规格：Φ130mm×200mm
市场价：188 元
材质：陶瓷
风格：现代

淡远·花器

品牌：YAANG
型号：AC-V-P3W
规格：Φ150mm×330mm
市场价：398 元
材质：陶瓷
风格：现代

安纳西花瓶

品牌：卡迪娅
型号：HT-001W-1
规格：290mm×290mm×310mm
市场价：638 元
材质：陶瓷
风格：地中海风格
设计说明：具有独特的外型设计，圆肚三耳造型显得有点可爱滑稽，这样的结合消除了许多羁绊，但又能找寻文化根基的新的怀旧，贵气加大气而又不失自在随意的风格，搭配上花艺会更增几分“美貌”，让人过目不忘。

淡远·花器

品牌：YAANG
型号：AC-V-P2W
规格：Φ120mm×230mm
市场价：268 元
材质：陶瓷
风格：现代

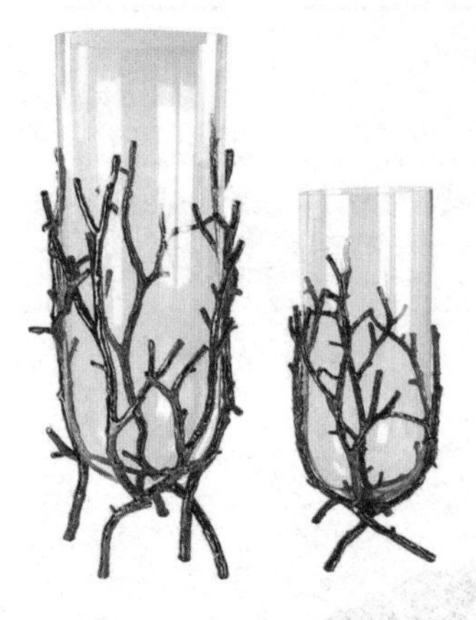

树枝花插

品牌：深圳异象家居
型号：JS107
规格：400mm×400mm×870mm
市场价：7 600 元
材质：铜、玻璃

猴子盖罐

品牌：深圳异象家居
型号：JT015
规格 300mm×300mm×520mm
市场价：2 267 元
材质：铜、陶瓷

树叶盖罐

品牌：深圳异象家居
型号：JT031
规格：150mm×150mm×330mm
市场价：1 233 元
材质：铜、陶瓷

淡远·花器

品牌：YAANG
型号：AC-V-P2
规格：Φ230mm×150mm
市场价：268 元
材质：陶瓷
风格：现代

直身环形盖罐

品牌：深圳异象家居
型号：JT011
规格：200mm×200mm×560mm
市场价：1 700 元
材质：铜、陶瓷

装饰罐

品牌：风尚
型号：FT1412-1B
规格：200mm × 200mm × 240mm
市场价：540 元

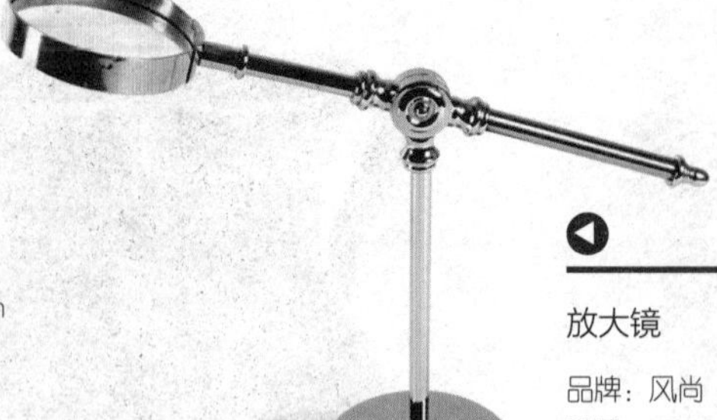

放大镜

品牌：风尚
型号：FPS1412-40
规格：410mm × 120mm × 340mm
市场价：260 元

烛台

品牌：风尚
型号：FJS1501-43B
规格：130mm × 130mm × 250mm
市场价：298 元

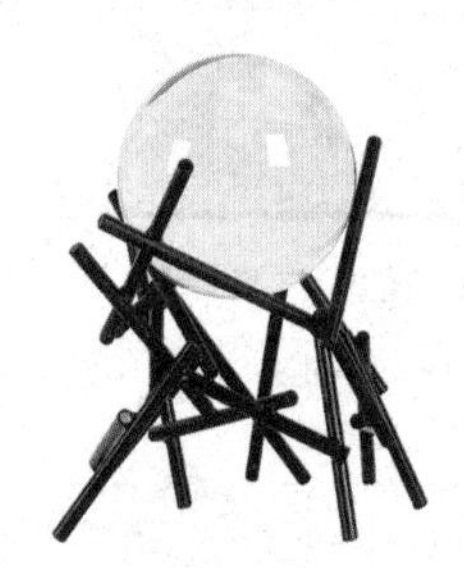

装饰摆件

品牌：风尚
型号：FHJ12057
规格：180mmx180mmx200mm
市场价：248 元

装饰罐

品牌 : 风尚
型号：FTJ1501-58B
规格：240mm × 240mm × 180mm
市场价：640 元

花艺

品牌：风尚
型号：TFL476-A
规格：800mmx400mmx850mm
市场价：1426 元

花器

品牌 : 风尚
型号：FT1412-34A
规格：320mm × 320mm × 670mm
市场价：1270 元

装饰罐

品牌 : 风尚
型号：FTJ1501-37
规格：290mmx290mmx520mm
市场价：750 元

铁艺壁饰仿古自行车

品牌：尤尼贝雅
型号：CFJ957
规格：740mm×95mm×H830mm
市场价：498 元
材质：铁

铁艺台饰

品牌：尤尼贝雅
型号：CSY12143
规格：290mm×135mm×570mm
市场价：188 元
材质：铁
风格：新派法式乡村

铁艺仿旧罐

品牌：尤尼贝雅
型号：CFM12220
规格：（L）460mm×460mm×89 0mm
（M）410mm×410mm×80 0mm
市场价：1 888 元
材质：铁
风格：新派法式乡村

铁艺长方弧面挂钟

品牌：尤尼贝雅
型号：CFM12461
规格：560mm×1000mm×95mm
市场价：815 元
材质：铁

英伦复古首饰收纳铁盒

品牌：尤尼贝雅
型号：CBT13633
规格：190mm×140mm×70mm
市场价：85 元
材质：铁
风格：新派法式乡村

英伦复古首饰收纳铁盒

品牌：尤尼贝雅
规格：190mm×140mm×70mm
市场价：85 元
材质：铁
风格：新派法式乡村

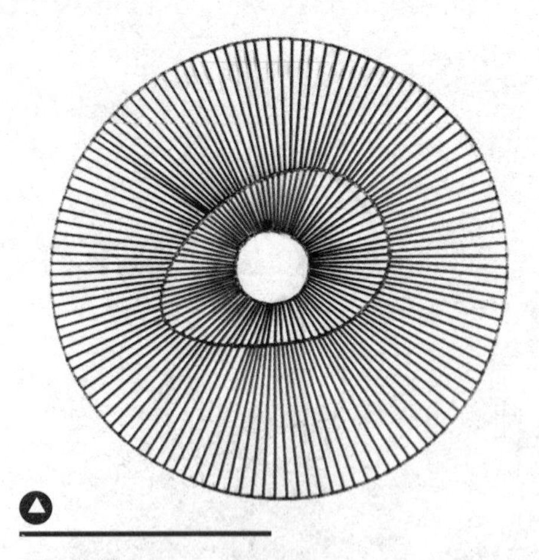

装饰挂件

品牌：风尚
型号：FJ1501-79A
规格：Φ390mm*390mm*40mm
市场价：970 元
材质：不锈钢
风格：欧美

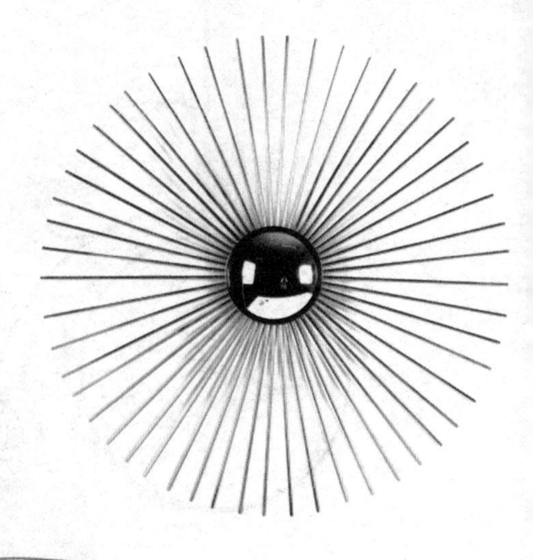

挂饰挂件

品牌：风尚
型号：FJ1501-69A
规格：Φ1000mm*1000mm*65mm
市场价：1270 元
材质：铜、铁
风格：欧美

花器

品牌：风尚
型号：FT1501-15A
规格：Φ230mm*230mm*360mm
市场价：590 元
材质：陶瓷
风格：欧美

装饰罐

品牌：风尚
型号：FTJ1501-51B
规格：Φ200mm*110mm*320mm
市场价：670 元
材质：陶瓷、铜
风格：欧美

装饰摆件

品牌：风尚
型号：FJS1412-42A
规格：Φ210mm*210mm*360mm
市场价：880 元
材质：铜、水晶
风格：欧美

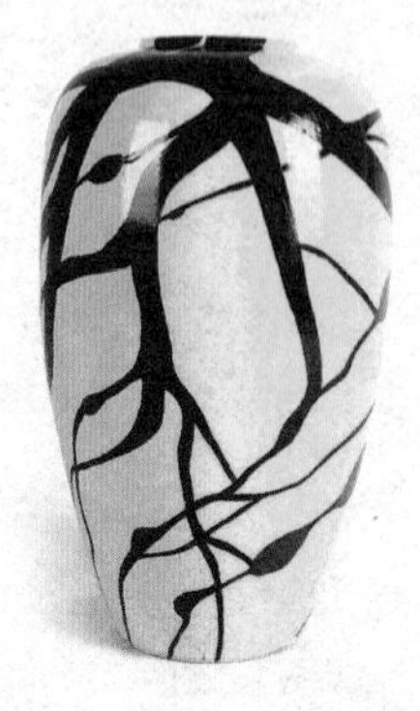

花器

品牌：风尚
型号：FT1501-58A
规格：Φ280mm*280mm*490mm
市场价：1140 元
材质：陶瓷
风格：欧美

花器

品牌：风尚
型号：FT1412-10A
规格：Φ240mm*240mm*370mm
市场价：560 元
材质：陶瓷
风格：欧美

台灯

品牌：风尚
型号：FTJ1412-6DT
规格：Φ360mm*360mm*660mm
市场价：1 270 元
材质：陶瓷、铜
风格：欧美

装饰摆件

品牌：风尚
型号：FTJ1412-59B
规格：Φ180mm*150mm*300mm
市场价：440 元
材质：陶瓷、铜、不锈钢
风格：欧美

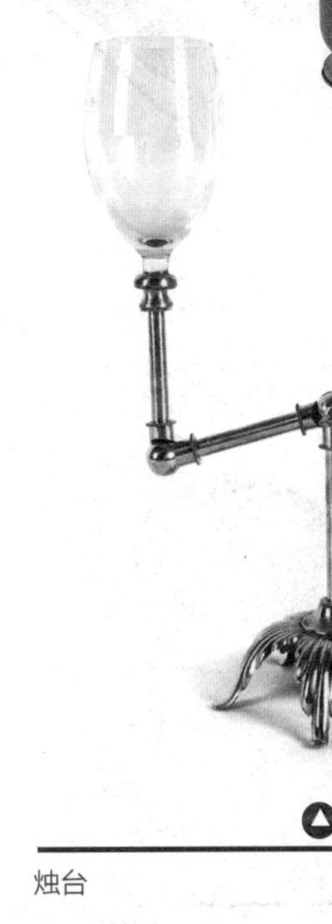

烛台

品牌：风尚
型号：FJS1501-43A
规格：Φ160mm*130mm*330mm
市场价：320 元
材质：铜、玻璃

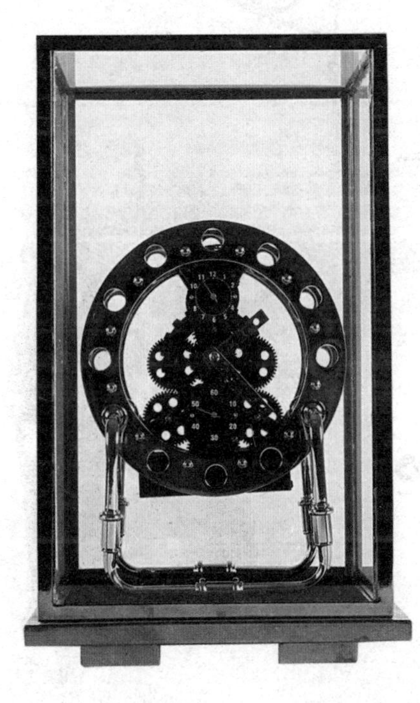

座钟

品牌：风尚
型号：FJS1501-7
规格：Φ270mm*270mm*430mm
市场价：2 760 元
材质：不锈钢、金属

装饰罐

品牌：风尚
型号：FT1412-1A
规格：Φ250mm*250mm*380mm
市场价：598 元
材质：陶瓷
风格：欧美

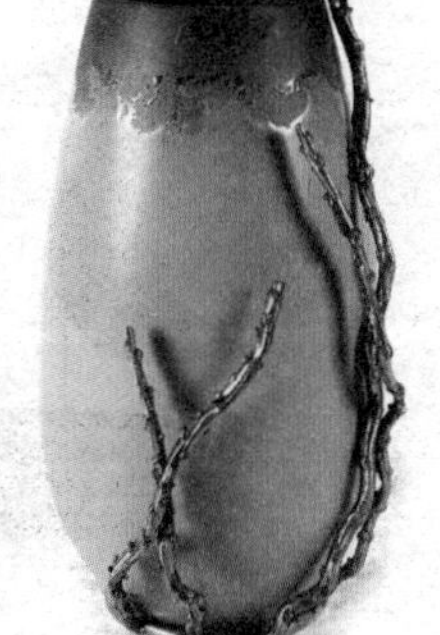

花器

品牌：风尚
型号：FTJ1412-39A
规格：Φ200mm*200mm*380mm
市场价：998 元
材质：陶瓷、铜

纸巾盒

品牌：风尚
型号：FM1501-52A
规格：Φ130mm*130mm*140mm
市场价：460 元
材质：木

配套铁架及 4 杯

品牌：尤尼贝雅
型号：CHF13014SA
市场价：302 元

配套铁架及 4 杯

品牌：尤尼贝雅
型号：CHF13014LC
市场价：302 元

配套铁架及 8 杯

品牌：尤尼贝雅
型号：CHF13016A
市场价：342 元

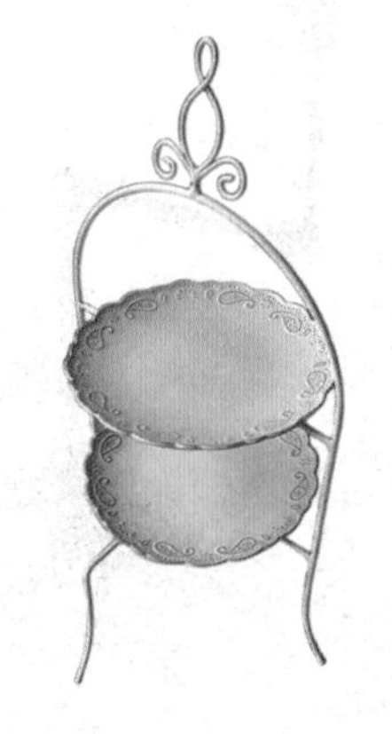

2 层铁架圆托盘

品牌：尤尼贝雅
型号：CHF13010L
市场价：335 元

2 层铁架圆托盘

品牌：尤尼贝雅
型号：CHF13013BS-1
市场价：360 元

杯子、碟、勺子

品牌：尤尼贝雅
型号：GQS14001
市场价：118 元

陶艺花瓶

品牌：尤尼贝雅
型号：GTL13072L
市场价：250 元

咖啡马克杯

品牌：尤尼贝雅
型号：GHC12650
市场价：42 元

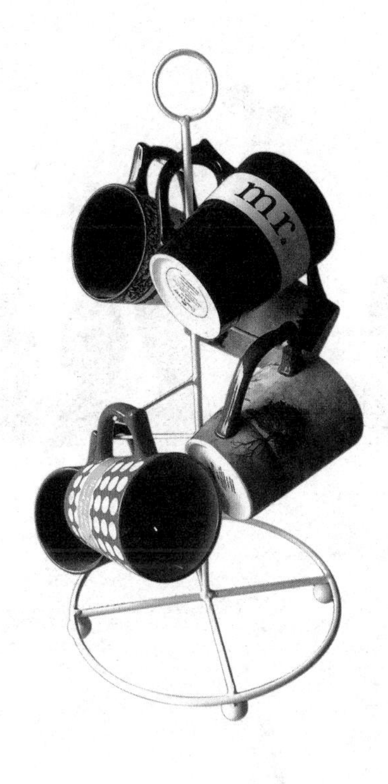

配套铁架及 **6** 杯

品牌：尤尼贝雅
型号：CHF13014LC
市场价：302 元

咖啡马克杯

品牌：尤尼贝雅
型号：GHC12660
市场价：42 元

陶艺花罐

品牌：尤尼贝雅
型号：GWW12005S
市场价：498 元

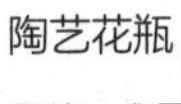

陶艺花瓶

品牌：尤尼贝雅
型号：GYJ12008B
市场价：446/398/392/298 元

陶艺花瓶

品牌：尤尼贝雅
型号：GGH12037
市场价：2 580 元

法式陶罐

品牌：尤尼贝雅
型号：GYJ12005L
市场价：458 /396/365 元

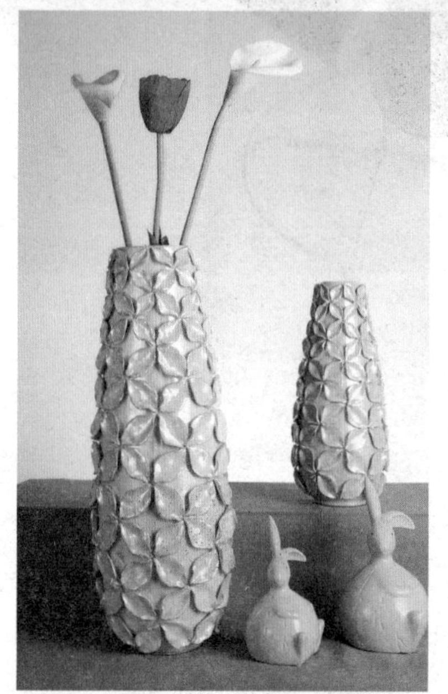

陶艺花瓶

品牌：尤尼贝雅
型号：GYJ12002A
市场价：383 元

蓝色仿旧陶猫头鹰

品牌：尤尼贝雅
型号：GSP11042
市场价：110 元

陶瓷花瓶

品牌：尤尼贝雅
型号：GGH11072A
市场价：856 元

米灰色马头饰件

品牌：尤尼贝雅
型号：GSP11025
市场价：230 元

蓝色仿旧陶盆

品牌：尤尼贝雅
型号：GSP11041
市场价：185 元

米灰色松塔饰件

品牌：尤尼贝雅
型号：GSP11021
市场价：393 元

米灰色双耳陶花盆

品牌：尤尼贝雅
型号：GSP11019
市场价：402 元

陶瓷摆饰

品牌：尤尼贝雅
型号：GYJ10154A
市场价：228/205 元

米灰色陶盆

品牌：尤尼贝雅
型号：GSP11022
市场价：258 元

公鸡插花瓶

品牌：尤尼贝雅
型号：GYJ10169B
市场价：282 元

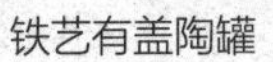

铁艺有盖陶罐

品牌：尤尼贝雅
型号：GYJ8915B
市场价：273/281 元

白色仿旧陶水罐

品牌：尤尼贝雅
型号：GSP11008
市场价：310 元

双耳花盆

品牌：尤尼贝雅
型号：GSP11060
市场价：196/295/368 元

陶瓷花瓶

品牌：尤尼贝雅
型号：GYJ9148JS
市场价：378/152 元

铁艺陶艺花瓶

品牌：尤尼贝雅
型号：GYJ9257VS
市场价：520 元

树枝鸟

品牌：深圳异象名家居
型号：JS117
规格：170mm×90mm×410mm
市场价：1 267 元
材质：铜+大理石

苹果盒

品牌：深圳异象名家居
型号：JS052
规格：130mm×130mm×160mm
市场价：2 267 元
材质：铜

三叶果盘

品牌：深圳异象名家居
型号：JS041
规格：380mm×510mm×52.50mm
市场价：3 450 元
材质：铝

圆托盘

品牌：深圳异象名家居
型号：JS092
规格：510mm×50mm×58.50mm
市场价：2 600 元
材质：铝

猴

品牌：深圳异象名家居
型号：JS133
规格：110mm×30mm×70mm
市场价：327 元
材质：铜

地球仪

品牌：深圳异象名家居
型号：JS042
规格：33.50mm×510mm
市场价：4 200 元
材质：铝

维纳斯半头像

品牌：深圳异象名家居
型号：M409×01
规格：34.50mm×270mm×430mm
市场价：1 867 元
材质：陶瓷

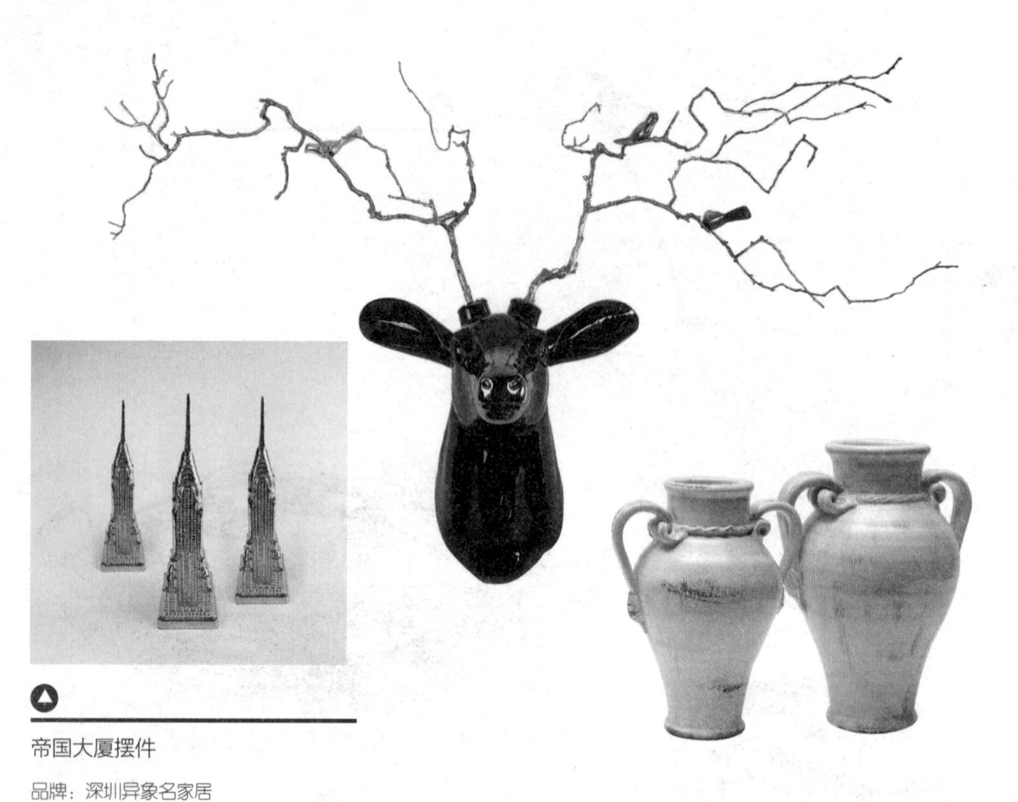

小鸟枝鹿头壁挂

品牌：深圳异象名家居
型号：JT002
规格：1280mm × 400mm × 950mm
市场价：8 533 元
材质：铜、陶瓷

帝国大厦摆件

品牌：深圳异象名家居
型号：JS020
规格：100mm × 100mm × 370mm
市场价：1 433 元
材质：铝

丽薇娅·花瓶

品牌：卡迪娅
型号：HT-025W-1+2
规格：29.50mm × 21.50mm × 36.50mm
26.50mm × 200mm × 320mm
市场价：838 元 /638 元
材质：陶瓷
风格：地中海风格
设计说明：崇尚自然、古朴经典、制作精良是卡迪娅一直追求的理念，地中海风情红陶系列花器以地中海自然风光为原色，色调多为蓝、白、绿、土黄，以擦破、仿旧为主要工艺元素，质感朴实而厚重，历经沧海的洗礼和风化，沉淀下来的是那份深厚的艺术气质，营造一个自然简单淳朴的生活氛围。

托盘鸟笼

品牌：深圳异象名家居
型号：M139 × 01
规格：390mm × 390mm × 730mm
市场价：1 577 元
材质：陶瓷 + 金属

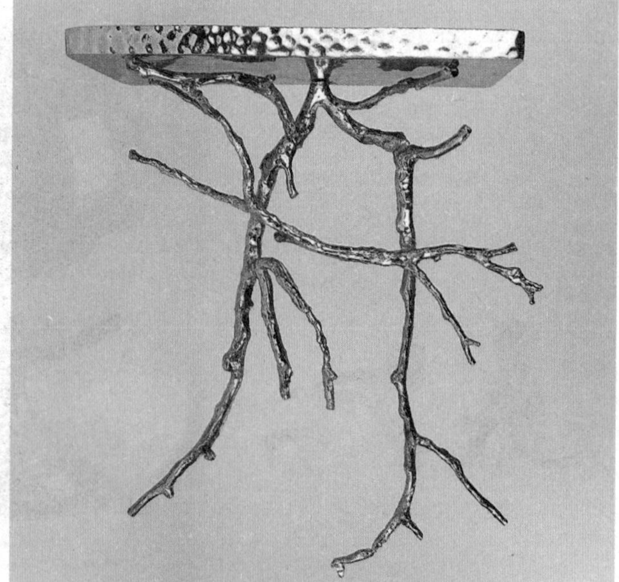

挂墙托盘

品牌：深圳异象名家居
型号：JS138
规格：44.70mm × 18.60mm × 15.50mm
市场价：5 600 元
材质：铜

比利罐

品牌：卡迪娅
型号：HT-823 W-1-2-3
规格：14.50mm × 100mm × 32.50mm
150mm × 8.50mm × 280mm
150mm × 8.50mm × 230mm
市场价：363 元 /288 元 /238 元
材质：陶瓷
风格：地中海风格
设计说明：简单又不失个性的外观造型，用白色来描述生活的纯粹与平淡，用做旧的斑点留下岁月走过的痕迹，让原本平淡的生活变得真实感动，承载着最美好的记忆，每一个空间都有属于它的故事，每一个陶器摆件都能见证成长的历程。

菠萝·储物罐

品牌：深圳异象名家居
型号：M141 × 03
规格：180mm × 180mm × 430mm
市场价：458 元
材质：陶瓷

镂空烛台

品牌：深圳异象名家居
型号：JS115
规格：260mm × 260mm × 390mm
市场价：2 600 元
材质：铝

芦荟·烛台

品牌：深圳异象名家居
型号：M342 × 01
规格：330mm × 310mm × 200mm
市场价：800 元
材质：陶瓷

卡维莱罐（蓝、红、黄）

品牌：卡迪娅
型号：HT-110B-1
HT-110R-2
HT-110Y-3
规格：100mm × 200mm × 380mm
100mm × 180mm × 300mm
80mm × 260mm × 230mm
市场价：463 元 /438 元 /713 元
材质：陶瓷
风格：地中海风格
设计说明：怀旧，让生命更显厚重。从旧迹中寻找自己过往生活的美丽，从回忆中品味久远岁月的沧桑，这就是我们设计这款做旧陶器摆件的理念，营造的是一种低调的奢华，彰显的是时间留下的从容和气度。

摆件

品牌：卡迪娅
型号：HT-051B-1+2
HT-052B
规格：130mm × 17.50mm × 440mm
220mm × 150mm × 360mm
9.50mm × 13.50mm × 21.50mm
市场价：463 元 /438 元 /163 元
材质：陶瓷
风格：地中海风格
设计说明：鸽子象征着和平、自由、平等，这款设计理念源自于我们内心对自由幸福生活的向往，用陶瓷生动地描述出了人们内心的信仰与希望，同时又不失鸽子的可爱与生动，结合自然，在室内环境中表现出悠闲、舒畅的田园生活情趣。

装饰罐

品牌：DOMOS
型号：TS63-1
规格：220mm × 120mm × 520mm
市场价：1 118 元
材质：陶瓷、铜
风格：新中式

装饰罐

品牌：DOMOS
型号：F1303-5A
规格：270mm × 280mm × 480mm
市场价：1 758 元
材质：陶瓷、铜
风格：欧美风情

装饰罐

品牌：DOMOS
型号：F1306-106A
规格：210mm × 210mm × 600mm
市场价：1 175 元
材质：陶瓷、铜
风格：新中式

装饰罐

品牌：DOMOS
型号：TS35-1
规格：190mm × 200mm × 420mm
市场价：1 805 元
材质：陶瓷、铜、不锈钢
风格：浪漫法式

白色地图纹四件套手提箱

品牌：DOMOS
型号：MS00072
规格：480mm × 330mm × 190mm
440mm × 300mm × 170mm
350mm × 240mm × 150mm
市场价：2 248 元
材质：白色平纹皮边，•五金都为铜
风格：欧美风情

书靠

品牌：DOMOS
型号：TS75
规格：120mm × 120mm × 180mm
市场价：1 198 元
材质：不锈钢、铜
风格：欧美风情

烛台

品牌：DOMOS
型号：F1303-36
规格：400mm × 400mm × 900mm
市场价：4 425 元
材质：大理石、铜
风格：浪漫法式

摆件

品牌：DOMOS
型号：TS55-2
规格：330mm × 220mm × 680mm
市场价：5 025 元
材质：大理石、铜
风格：浪漫法式

蛋糕盘

品牌：DOMOS
型号：TS24-1
规格：350mm × 350mm × 320mm
市场价：1 980 元
材质：铜、刻面玻璃
风格：欧美风情

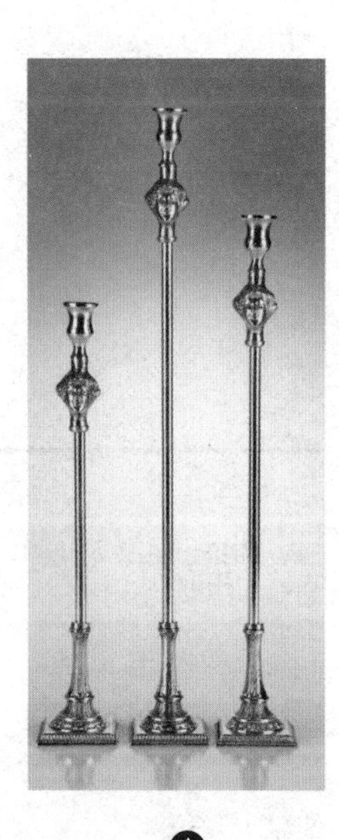

果盘

品牌：DOMOS
型号：TS01-1
规格：280mm × 240mm × 200mm
市场价：1 635 元
材质：铜
风格：欧美风情

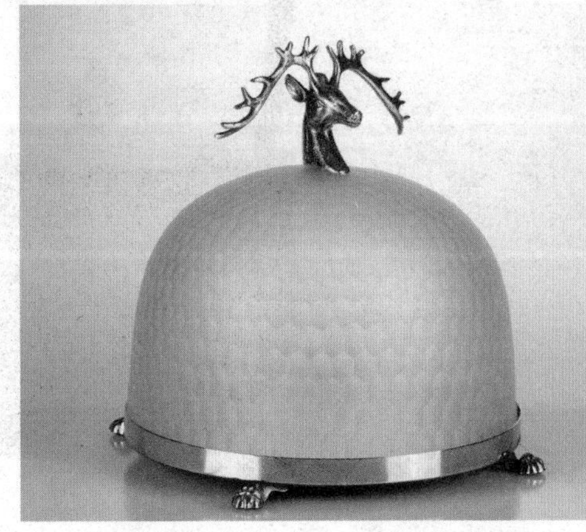

烛台

品牌：DOMOS
型号：TS10-1
规格：90mm × 90mm × 660mm
市场价：808 元
材质：铜
风格：欧美风情

高山仰止·壶

品牌：渡和堂
型号：NO.018
规格：170mm × 150mm × 240mm
市场价：4 800 元
材质：澳大利亚进口灰口铁
风格：古朴
容量：1.0L
重量：2.3KG
设计说明：铁壶赏鉴，高山仰止，景行行止。
造型美学，高位浮雕，古朴器形，让人景仰。
图饰艺术，“五岳独尊”之泰山，巍峨雄伟，高大庄重。
文化寓意，登泰山犹如行走人生，须感悟“一步一人生，千阶到天门”的深深禅意。

渡和尊釜·壶

品牌：渡和堂
型号：NO.020
规格：280mm × 280mm × 300mm
市场价：8 800 元
材质：澳大利亚进口灰口铁
风格：古朴
容量：4.8L
重量：15KG

和而不同·壶

品牌：渡和堂
型号：NO.023-1
规格：170mm × 160mm × 200mm
市场价：3 880 元
材质：澳大利亚进口灰口铁
风格：古朴
容量：0.9L
重量：1.8KG
设计说明：君子和而不同，小人同而不和。
造型美学，器形无意，却又万象可趋。壶身不协，却又暗自和音。这便是一种“和而不同”的美学体现。
图饰艺术，秋荷池边一隅，池泥茵茵，残荷与莲蓬共生。
文化寓意，莲与泥共存之和，又有莲荷独生之异。荷与和谐音，荷既“出淤泥而不染”，又与莲蓬共历枯荣，这便是孔子“和而不同”的处世哲学。

风清月白·壶

品牌：渡和堂
型号：NO.024
规格：190mm × 160mm × 230mm
市场价：2 980 元
材质：澳大利亚进口灰口铁
风格：古朴
容量：1.2L
重量：1.5KG
设计说明：风清月白偏宜夜，一片琼田。
造型美学，壶身清幽，有静谧之感。
图饰艺术，西湖之畔，亭台楼阁，风清月白，真乃幽幽宜人。
文化寓意，风清月白，寓意一种道教逍遥游的精神，是对自由心灵的寻找。

铜环和寿·壶

品牌：渡和堂
型号：NO.026
规格：180mm × 170mm × 190mm
市场价：3 880 元
材质：澳大利亚进口灰口铁
风格：古朴
容量：0.8L
重量：1.1kg

蜻蜓探花·壶

品牌：渡和堂
型号：NO.025
规格：170mm × 150mm × 210mm
市场价：5 800 元
材质：澳大利亚进口灰口铁
风格：古朴
容量：1.3L
重量：1.4kg
设计说明：行到中庭数花朵，蜻蜓飞上玉搔头。
造型优美，器形曼妙，提梁高耸，壶身肌理鲜亮。
图饰艺术，花盛之季，有蜻蜓飞来，轻探花丛。
文化寓意：花儿无声，蜻蜓有姿，好一副春意盎然之景，使人心存欢喜。

龙威鼎盛·壶

品牌：渡和堂
型号：NO.007
规格：180mm × 160mm × 210mm
市场价：8 800 元
材质：澳大利亚进口灰口铁
风格：古朴
容量：0.9L
重量：3.2kg
设计说明：龙行天下，独步九洲，是至为鼎盛的威仪。
造型优美，器型端庄，壶身鼎立，威严鼎盛，不可言喻。壶提手为双龙戏珠，是戏龙姿态的展现。
图饰艺术，壶身为龙腾文案，彰显出一种图腾式的信仰，神秘而威严。
文化寓意：《三国演义》中“龙乘时变化，犹人得志而纵横四海，龙之为物，可比世之英雄。”

啼鸣问秋·壶

品牌：渡和堂
型号：NO.028
规格：170mm × 140mm × 220mm
市场价：5 800 元
材质：澳大利亚进口灰口铁
风格：古朴
容量：0.9L
重量：2.2kg

空谷幽兰·壶

品牌：渡和堂
型号：NO.029
规格：170mm × 150mm × 220mm
市场价：5 800 元
材质：澳大利亚进口灰口铁
风格：古朴
容量：0.9L
重量：2.2kg
设计说明：空谷出幽兰，秋来花畹畹。
造型优美，器形雍然，呈现一种浑然圆满之态势。
图饰艺术，采用高位浮雕，流畅线条，展现出兰花之优雅美态，栩栩如生。兰花侧有一河蟹，喻意和谐美好。
文化寓意：兰花高洁清雅，与梅、竹、菊并称为“四君子”。空谷幽兰壶，乃君子之器也。

寒江独钓·壶

品牌：渡和堂
型号：NO.030
规格：160mm × 140mm × 210mm
市场价：4 300 元
材质：澳大利亚进口灰口铁
风格：古朴
容量：0.9L
重量：0.9kg
设计说明：孤舟蓑笠翁，独钓寒江雪。
造型美学，器形古拙，又大拙若巧，趣味盎然。
图饰艺术，茫茫天地，白雪皑皑，孤舟蓑笠，独伫江边，不闻世事烦扰，在享一方宁静。
文化寓意：一蓑一笠一扁舟，一丈丝纶一寸钩。万法归一，一而静心。可见寒江独钓壶，乃安逸之器。
获奖经历：2012 年荣获金钥匙杯精品茶具设计大赛金奖。

国色天香·壶

品牌：渡和堂
型号：NO.031-1
规格：170mm × 150mm × 220mm
市场价：5 800 元
材质：澳大利亚进口灰口铁
风格：古朴
容量：1.0L
重量：1.1kg
造型优美，雍容端庄，款款而落。绮丽高雅，盈盈而立。
图饰艺术，牡丹盛开，富丽端庄，牡丹烂漫，高洁优雅。
文化寓意：李白诗云，云想衣裳花想容，春风拂槛露华浓。若非群玉山头见，回向瑶台月下逢。国色天香，寓意惊艳人世之大美，流传千古之善美。
获奖经历：2013 年荣获中国工艺美术文化创意奖银奖。

吉祥图腾·壶

品牌：渡和堂
型号：NO.009
规格：180mm × 170mm × 160mm
市场价：2 800 元
材质：澳大利亚进口灰口铁
风格：古朴
容量：1.5L
重量：1.4kg
设计说明：铁壶赏鉴，龙生九子，椒图为其一。
造型优美，器形端庄，有威严之气，壶身椒图之象，更是龙威鼎盛。
文化寓意：龙生九子，椒图为其一。椒图性情温顺，性好僻静，可镇守家门，保佑家庭安定，乡邻和睦。

松鹤延年·壶

品牌：渡和堂
型号：NO.011
规格：170mm × 150mm × 200mm
市场价：5 500 元
材质：澳大利亚进口灰口铁
风格：古朴
容量：0.9L
重量：1.4kg
设计说明：白鹤临仙境，南山长寿翁。
造型优美，器形古拙，壶身苍迥，肌理犹如古松。
图饰艺术，古松傲然挺立，神鹤休憩其中，有历经人世之沧桑，真乃青松常在。
文化寓意：身如青松，寿若南山，松鹤延年，长享人间。

秋色满园·壶

品牌：渡和堂
型号：NO.016
规格：170mm × 150mm × 240mm
市场价：4 800 元
材质：澳大利亚进口灰口铁
风格：古朴
容量：0.9L
重量：2.3kg

流金岁月·壶

品牌：渡和堂
型号：NO.021
规格：170mm × 14.50mm × 190mm
市场价：999 元
材质：澳大利亚进口灰口铁
风格：古朴
容量：0.8L
重量：1.32kg

(新)踏浪飞鱼·壶

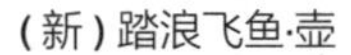

品牌：渡和堂
型号：NO.027
规格：170mm×140mm×180mm
市场价：1280元
材质：澳大利亚进口灰口铁
风格：古朴
容量：0.8L
重量：1.74kg

寿龟附竹·壶

品牌：渡和堂
型号：NO.038
规格：240mm×19.50mm×7.50mm
市场价：1380元
材质：澳大利亚进口灰口铁
风格：古朴
容量：1.2L
重量：2.5kg

桔面宝檀·壶

品牌：渡和堂
型号：NO.039
规格：170mm×140mm×150mm
市场价：1020元
材质：澳大利亚进口灰口铁
风格：古朴
容量：0.8L
重量：1.3kg

浅黑方形铁茶壶

品牌：DOMOS
型号：MS00193
规格：0.7L
市场价：815元
材质：铁艺
风格：新中式

红颗粒铁茶壶

品牌：DOMOS
型号：MS00189
规格：0.5L
市场价：585元
材质：铁艺
风格：新中式

香器

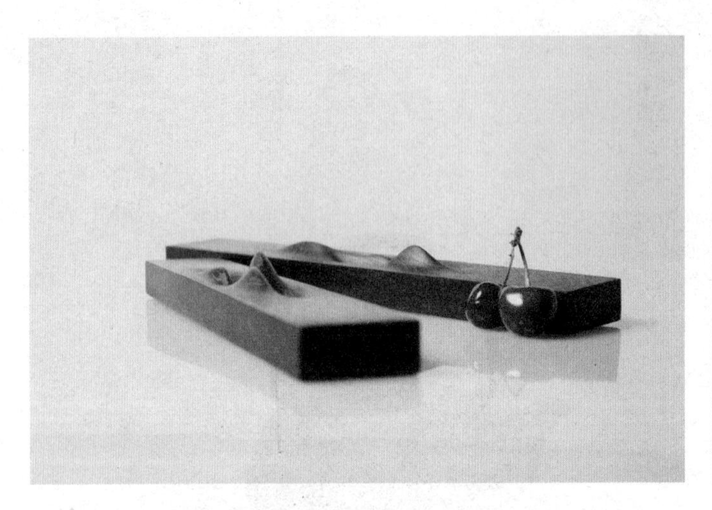

一镇江山·香器

品牌：弗居
型号：3697
规格：350mm × 70mm × 50mm
市场价：定制产品
材质：鸡翅木
风格：现代
设计说明：一阴一阳，一地一天，一生二，二生三，三生万物。一镇江山品四方，弗居风雨柳动人。谟谋天下系民生，心潮澎湃闯天涯。

禅定·香器

品牌：弗居
型号：4608
规格：120mm × 120mm × 50mm
市场价：定制产品
材质：鸡翅木
风格：现代
设计说明：圆定初生，和和之意。道自然出，天地之存。

起伏 / 修行·香器

品牌：弗居
型号：4556
规格：280mm × 50mm × 80mm
市场价：定制产品
材质：鸡翅木
风格：现代
设计说明：灵动高贵而又朴实无华，玄妙深邃而又平易近人，已经普遍的融入现代的生活当中。起伏 香台设计成“U”字造形，当香插上一端的时候向一边倾斜。随着香的燃烧的过程而彼此起伏，香的意境得到完美的呈现。

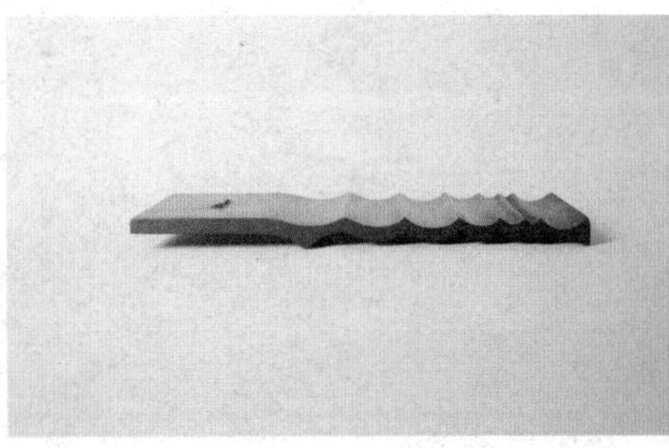

洗·香器

品牌：弗居
型号：4791
规格：260mm × 100mm × 60mm
市场价：定制产品
材质：鸡翅木
风格：现代
设计说明：从天而下，如落叶般轻盈，洒脱。放下一切，自由心迹。

洲际·香器

品牌：弗居
型号：4602
规格：650mm × 200mm × 60mm
市场价：定制产品
材质：鸡翅木、不锈钢
风格：现代
设计说明：洲，世界上最大的内陆洲鱼，以鱼引水，逝者如斯夫，不舍昼夜。洲得水而活。鱼得水而跃。卵石，伴随着洲，彼此之间的相互碰撞，风雨兼程。

乘物以游心·香器

品牌：弗居
型号：5188
规格：350mm × 80mm × 50mm
市场价：定制产品
材质：鸡翅木
风格：现代
设计说明：舟之所存，鱼之所得。伴山伴水，乘物游心。

圆梦·香器

品牌：弗居
型号：4818
规格：200mm × 140mm × 60mm
市场价：定制产品
材质：鸡翅木
风格：现代
设计说明：一山一水，一庙一香，放飞梦想，圆梦人生！

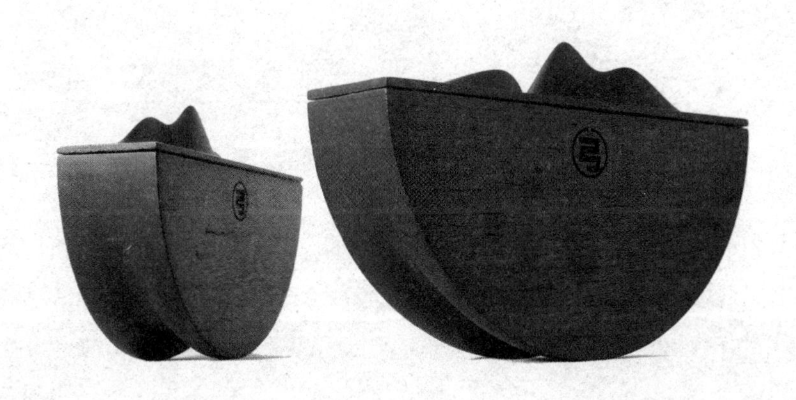

软装素材宝典

VALUABLE BOOK

ABOUT SOFT FURNISHING

MATERIALS

布艺 / Fabric art

布艺能柔化室内空间生硬的线条，在营造与美化居住环境上起着重要的作用。丰富多彩的布艺装饰为居室营造出或清新自然，或典雅华丽，或高调浪漫的格调，已经成为空间中不可缺少的“主将”。可以把家具布艺、窗帘、床品、地毯、桌布、抱枕等都归到家纺布艺的范畴，通过各种布艺之间的搭配可以有效地呈现空间的整体感。在进行布艺设计和创作时，需要鉴别布料，准确地为设计实施做出判断和决策。居室内的布艺种类繁多，设计时一定要遵循一定的原则，恰到好处的布艺装饰能为家居增添色彩，胡乱堆砌则会适得其反，基本的口诀可以总结为：色彩基调要确定，尺寸大小要准确，布艺面料要对比，风格元素要呼应。

布艺的图案可以表达不同的风格特点，正确运用可以让设计作品有亮点，例如：有浓重色彩、繁复花纹的布艺适合具有豪华风格的空间，但由于表现力强，较难搭配，设计师需要有足够的功底才可以考虑使用；具有简洁抽象图案的浅色布艺，能衬托现代感强的空间；带有中国传统图案的织物最适合中国古典风格的空间。

抱枕

蓦然回首系列抱枕集合了棉麻、布、丝锦等材质生产制造，设计师通过色彩、图纹的创意，配上相应的材质，用最讲究的加工工艺，形成这一系列兼具美观和质感的抱枕。比如麻质地的图案多样、色彩丰富；PU 涤纶质地能够制作成别致的立体波浪；羊毛质地采用绿色再搭配流苏显得格外时尚等，使抱枕在家居使用和装饰中都能起到重要的作用。

抱枕

品牌：蓦然回首
型号：60000053
规格：450mm×450mm
市场价：268 元
材质：麻
产地：浙江

抱枕

品牌：蓦然回首
型号：60000056
规格：450mm×450mm
市场价：268 元
材质：麻
产地：浙江

抱枕

品牌：蓦然回首
型号：60000057
规格：450mm×450mm
市场价：268 元
材质：麻
产地：浙江

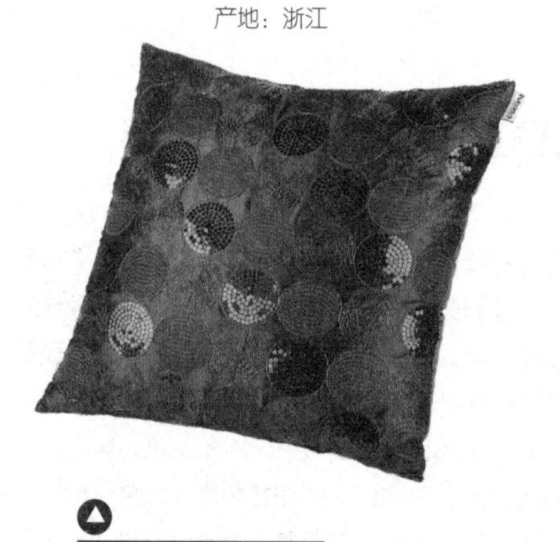

红色抱枕

品牌：蓦然回首
型号：60000015
规格：550mm×550mm
市场价：180 元
材质：布艺
产地：广东

抱枕

品牌：蓦然回首
型号：660000981
规格：500mm×500mm
市场价：480 元
材质：棉麻
产地：广州

抱枕

品牌：蓦然回首
型号：60000058
规格：450mm×450mm
市场价：268 元
材质：麻
产地：浙江

抱枕

品牌：蓦然回首
型号：60000059
规格：450mm×450mm
市场价：368 元
材质：针织棉
产地：广东

蓝色立体波浪腰枕

品牌：蓦然回首
型号：60000066
规格：300mm × 450mm
市场价：368 元
材质：PU 涤纶
产地：广东

蓝色立体波浪方枕

品牌：蓦然回首
型号：60000067
规格：450mm × 450mm
市场价：418 元
材质：PU 涤纶
产地：广东

蝴蝶绣花方枕

品牌：蓦然回首
型号：60000070
规格：450mm × 450mm
市场价：298 元
材质：棉、麻、涤纶
产地：广东

红色靠枕

品牌：蓦然回首
型号：60000016
规格：300mm × 450mm
市场价：110 元
材质：布艺
产地：广东

抱枕

品牌：蓦然回首
型号：60000063
规格：300mm × 450mm
市场价：368 元
材质：PU 涤纶
产地：广东

抱枕

品牌：蓦然回首
型号：60000064
规格：450mm × 450mm
市场价：368 元
材质：针织棉
产地：广东

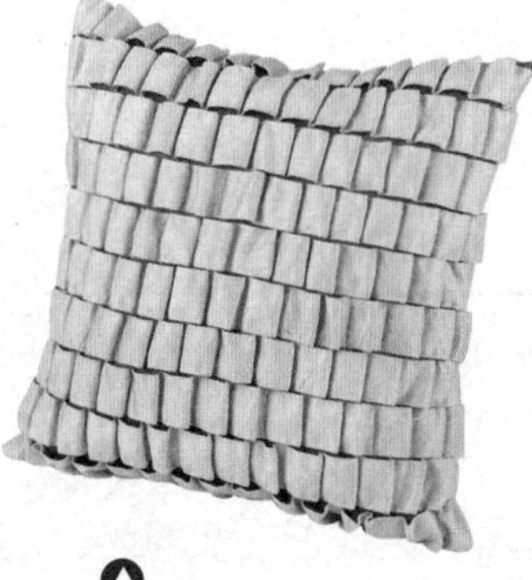

米白色立体波浪方枕

品牌：蓦然回首
型号：60000068
规格：450mm × 450mm
市场价：418 元
材质：PU 涤纶
产地：广东

紫色抱枕

品牌：蓦然回首
型号：60000017
规格：450mm × 450mm
市场价：160 元
材质：布艺
产地：广东

抱枕

品牌：蓦然回首
型号：60000055
规格：450mm × 450mm
市场价：268 元
材质：麻
产地：浙江

抱枕

品牌：蓦然回首
型号：660000971
规格：500mm × 500mm
市场价：480 元
材质：棉麻
产地：广州

Kilim 纹样靠垫套

品牌：Harbor House
型号：105523
规格：L510mm × W510mm
市场价：299 元
材质：全棉帆布
风格：美式休闲
设计说明：布艺产品精选法国进口提花色织面料，无论画面的饱和度还是手感都臻于完美。

冲孔圆方枕（黑）

品牌：蓦然回首
型号：60000077
规格：450mm × 450mm
市场价：388 元
材质：棉、麻、涤纶
产地：广东

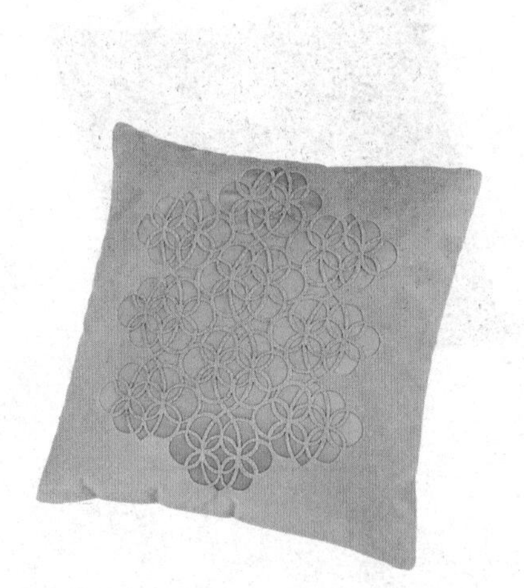

冲孔圆方枕（橙）

品牌：蓦然回首
型号：60000076
规格：450mm × 450mm
市场价：388 元
材质：棉、麻、涤纶
产地：广东

浅蓝蝴蝶方枕

品牌：蓦然回首
型号：60000072
规格：450mm × 450mm
市场价：328 元
材质：棉、麻、涤纶
产地：广东

蝴蝶绣花腰枕

品牌：蓦然回首
型号：60000071
规格：300mm x 450mm
市场价：228 元
材质：棉、麻、涤纶
产地：广东

流苏绿色方枕

品牌：蓦然回首
型号：60000074
规格：450mm x 450mm
市场价：328 元
材质：羊毛
产地：广东

抱枕

品牌：蓦然回首
型号：660001011
规格：600mm x 600mm
市场价：480 元
材质：丝绵
产地：广州

流苏绿色腰枕

品牌：蓦然回首
型号：60000073
规格：300mm x 450mm
市场价：488 元
材质：羊毛
产地：广东

抱枕

品牌：美豪
型号：MHB020
规格：450mm x 450mm x 100mm
市场价：300 元
材质：进口布料加重棉芯
风格：适用于美式、英式风格

抱枕

品牌：蓦然回首
型号：660001001
规格：600mm x 600mm
市场价：480 元
材质：丝绵
产地：广州

抱枕

品牌：蓦然回首
型号：660001021
规格：500mm×500mm
市场价：310元
材质：丝绵
产地：广州

抱枕

品牌：蓦然回首
型号：660000991
规格：600mm×600mm
市场价：480元
材质：丝绵
产地：广州

抱枕

品牌：蓦然回首
型号：660001031
规格：500mm×500mm
市场价：310元
材质：丝绵
产地：广州

抱枕

品牌：美豪
型号：MHB031
规格：450mm×450mm×100mm
市场价：300元
材质：进口布料加重棉芯
风格：适用于美式、英式风格

抱枕

品牌：蓦然回首
型号：660001041
规格：500mm×500mm
市场价：310元
材质：丝绵
产地：广州

热带植物叶靠垫套

品牌：Harbor House
型号：105451
规格：L460mm×W460mm
市场价：269元
材质：65%麻，35%黏胶
风格：美式休闲

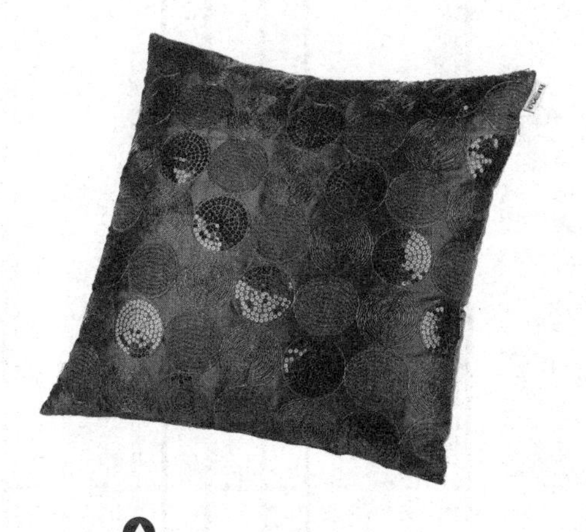

咖啡色抱枕

品牌：蓦然回首
型号：60000003
规格：450mm × 450mm
市场价：130 元
材质：布艺
产地：广东

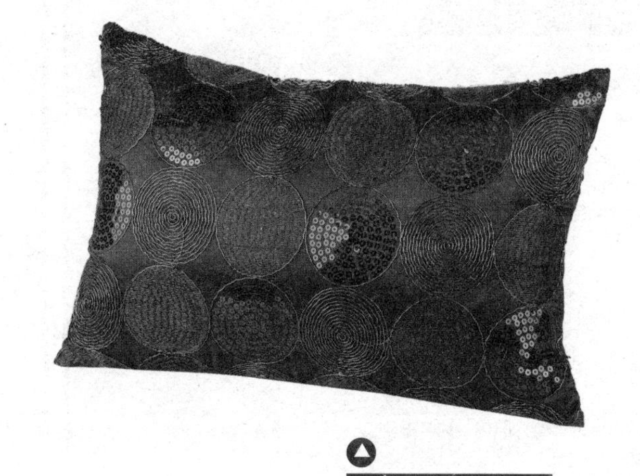

咖啡色靠枕

品牌：蓦然回首
型号：60000005
规格：300mm × 450mm
市场价：110 元
材质：布艺
产地：广东

抱枕

品牌：美豪
型号：MHB007
规格：450mm × 450mm × 100mm
市场价：300 元
材质：进口布料加重棉芯
风格：适用于美式、英式风格

花卉绣花靠垫套

品牌：Harbor House
型号：105455
规格：L510mm × W510mm
市场价：269 元
材质：全棉斜纹布
风格：美式休闲

抱枕

品牌：美豪
型号：MHB001
规格：450mm × 450mm × 100mm
市场价：300 元
材质：进口布料加重棉芯
风格：适用于现代、北欧风格

窗帘

窗帘

品牌：杭州巧丽屋家饰
型号：A51481-03
规格：幅宽 1450mm
市场价：160 元
材质：聚酯纤维
风格：地中海

窗帘

品牌：杭州巧丽屋家饰
型号：A51522-04
规格：幅宽 1500mm
市场价：210 元
材质：黏胶纤维、聚酯纤维
风格：美式

窗帘

品牌：杭州巧丽屋家饰
型号：A51526-01
规格：幅宽 1500mm
市场价：210 元
材质：黏胶纤维、聚酯纤维
风格：美式

窗帘

品牌：杭州巧丽屋家饰
型号：A51522-02
规格：幅宽 1500mm
市场价：210 元
材质：黏胶纤维、聚酯纤维
风格：美式

窗帘

品牌：杭州巧丽屋家饰
型号：A51522-03
规格：幅宽 1500mm
市场价：210 元
材质：黏胶纤维、聚酯纤维
风格：美式

窗帘

品牌：杭州巧丽屋家饰
型号：A51522-01
规格：幅宽 1500mm
市场价：210 元
材质：黏胶纤维、聚酯纤维
风格：美式

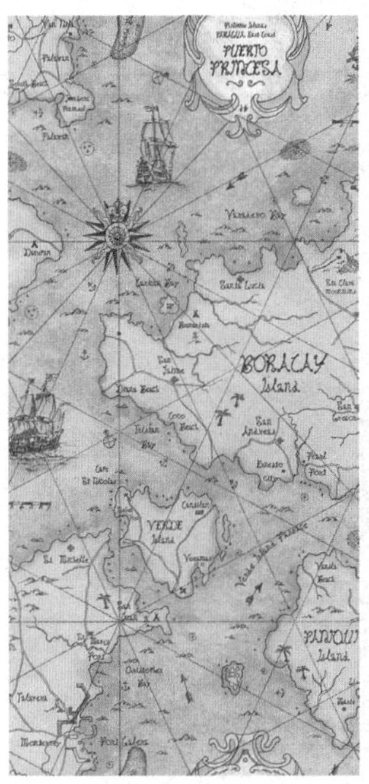

窗帘

品牌：杭州巧丽屋家饰
型号：A51524-02
规格：幅宽 1500mm
市场价：260 元
材质：黏胶纤维、聚酯纤维
风格：美式

窗帘

品牌：杭州巧丽屋家饰
型号：A51525- 01
规格：幅宽 1500mm
市场价：260 元
材质：黏胶纤维、聚酯纤维
风格：美式

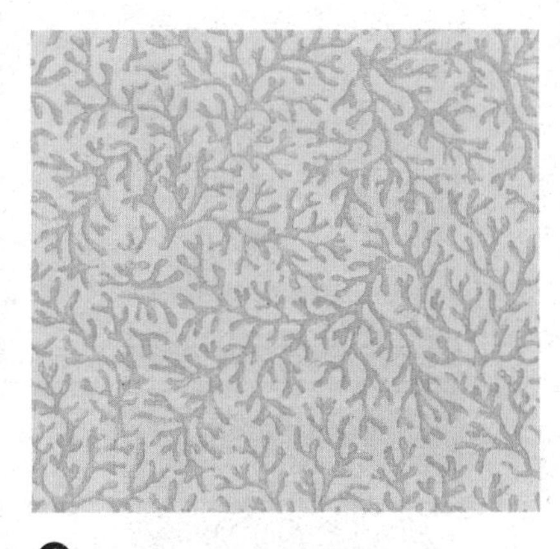

窗帘

品牌：杭州巧丽屋家饰
型号：A52049-02
规格：幅宽 1450mm
市场价：420 元
材质：聚酯纤维、亚麻布
风格：自然风

窗帘

品牌：杭州巧丽屋家饰
型号：A52051-01
规格：幅宽 1450mm
市场价：420 元
材质：聚酯纤维、亚麻布
风格：自然风

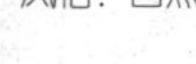

窗帘

品牌：杭州巧丽屋家饰
型号：A55069-03
规格：幅宽 2800mm
市场价：130 元
材质：聚酯纤维
风格：美式印花

窗帘

品牌：杭州巧丽屋家饰
型号：A55064-05
规格：幅宽 2800mm
市场价：210 元
材质：聚酯纤维
风格：美式印花

窗帘

品牌：杭州巧丽屋家饰
型号：A55063-04
规格：幅宽 1450mm
市场价：130 元
材质：聚酯纤维
风格：美式印花

窗帘

品牌：杭州巧丽屋家饰
型号：A55071-03
规格：幅宽 2800mm
市场价：210 元
材质：聚酯纤维
风格：美式印花

窗帘

品牌：杭州巧丽屋家饰
型号：A56030-01
规格：幅宽 1450mm
市场价：128 元
材质：聚酯纤维、棉
风格：田园

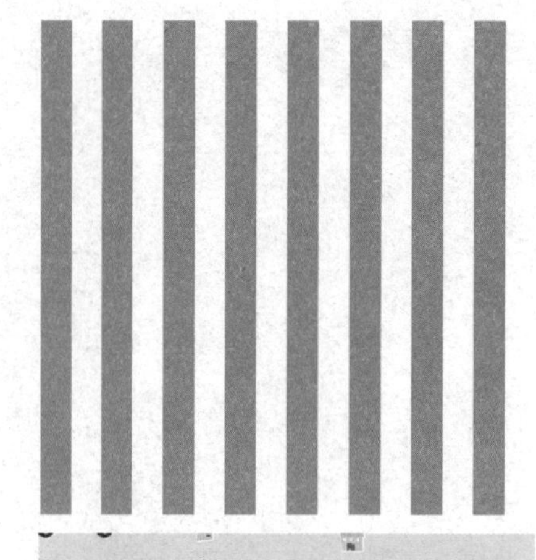

窗帘

品牌：杭州巧丽屋家饰
型号：A56053-01
规格：幅宽 1450mm
市场价：128 元
材质：聚酯纤维、棉

窗帘

品牌：杭州巧丽家饰
型号：A56030-01
规格：幅宽 1450mm
市场价：128 元
材质：聚酯纤维、棉

窗帘

品牌：杭州巧丽屋家饰
型号：A56053-01
规格：幅宽 1450mm
市场价：128 元
材质：聚酯纤维、棉

窗帘

品牌：杭州巧丽屋家饰
型号：A55075-04
规格：幅宽 2800mm
市场价：200 元
材质：聚酯纤维、亚麻布
风格：美式印花

窗帘

品牌：杭州巧丽屋家饰
型号：A56049-02
规格：幅宽 1450mm
市场价：128 元
材质：聚酯纤维、棉

辉煌·床品

品牌：寐 MINE
材质：面料 63% 黏胶纤维（黏 L 丝）、37% 桑蚕丝；
里料 55% 桑蚕丝、45% 棉
市场价：8 899 元 / 四件套
风格：欧式奢华
颜色：金

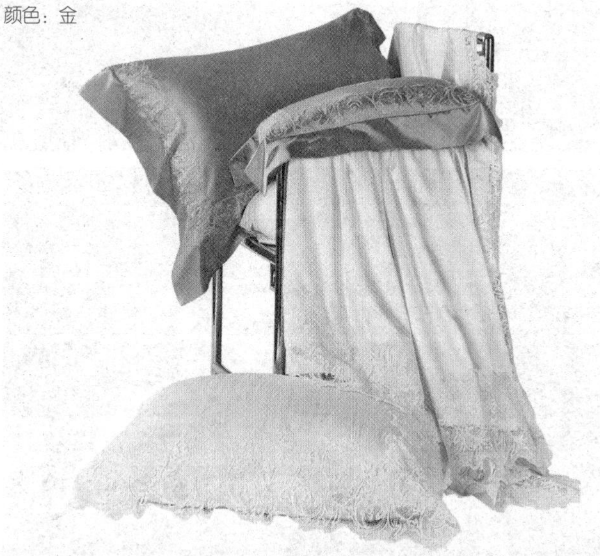

维多利亚·床品

品牌：寐 MINE
市场价：15 899 元 / 四件套
材质：高档丝棉大提花面料
风格：奢华美式
颜色：孔雀绿、咖啡

夏洛特·床品

品牌：寐 MINE
市场价：9 999 元 / 四件套
材质：丝棉色织提花面料
风格：优雅法式
颜色：珠光白

苏格兰·床品

品牌：寐 MINE
市场价：28 999 元 / 十件套
材质：意大利进口埃及长绒棉色织提花
风格：古典、美式
颜色：深咖、红

亚瑟·床品

品牌：寐 MINE
市场价：15 999 元 / 四件套
材质：100% 真丝色织大提花面料
风格：奢华欧式古典
颜色：银灰、淡蓝、烟紫

苏瑞·床品

品牌：寐 MINE
颜色：淡蓝
风格：法式田园
市场价：3 499 元 / 四件套
材质：纯棉色织提花

维纳斯·床品

品牌：寐 MINE
市场价：7 599 元 / 四件套
材质：丝棉色织提花
风格：欧式古典
颜色：紫晶

维纳斯·床品

品牌：寐 MINE
市场价：8 899 元 / 四件套
材质：丝棉色织提花
风格：欧式简约、欧式古典
颜色：红

雅典娜·床品

品牌：寐 MINE
市场价：36 999/ 四件套　59 688 元 / 十件套
材质：100% 进口 6A 级真丝
风格：欧式古典
颜色：琥珀银

柠夏·床品

品牌：寐 MINE
市场价：3 499 元 / 四件套
材质：100% 天丝印花面料（里料也是天丝）
风格：田园风格
颜色：珠光白

暮光·床品

品牌：寐 MINE
市场价：9 999 元 / 四件套
材质：采用进口 600 根合股纱
风格：现代简约
颜色：橙

逐·床品

品牌：寐 MINE
市场价：3 499 元 / 四件套
材质：100% 天丝印花面料（里料也是天丝）
风格：现代简约
颜色：象牙白

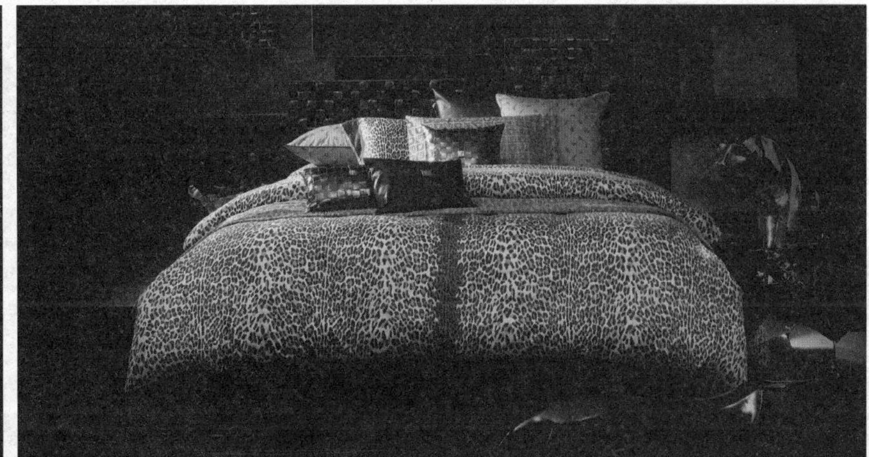

紫鸢·床品

品牌：寐 MINE
市场价：12 999 元 / 四件套
材质：意大利进口埃及长绒棉色织提花
风格：欧式古典风格
颜色：紫色

豹·床品

品牌：寐 MINE
市场价：4 699 元 / 四件套
材质：纯棉磨毛印花
风格：简欧风格
颜色：棕咖、西班牙红

棋盘格·床品

品牌：寐 MINE
市场价：2 199 元 / 四件套
材质：纯棉印花面料
风格：现代简约
颜色：米杏色

银河·床品

品牌：寐 MINE
市场价：9 199/ 七件套
材质：40% 真丝、60% 进口涤丝
风格：后现代主义
颜色：银河灰

追·床品

品牌：寐 MINE
市场价：15 999 元 / 四件套
材质：意大利进口埃及长绒棉
风格：现代简约
颜色：烈日橙

睿·床品

品牌：寐 MINE
市场价：8 899 元 / 四件套
材质：意大利进口埃及长绒棉
风格：现代简约
颜色：长其棕、橙

琇·床品

品牌：寐 MINE
市场价：9 999 元 / 四件套
材质：意大利进口埃及长绒棉色织提花
风格：新中式
颜色：红

禅日·床品

品牌：寐 MINE
市场价：49 999 元 / 十件套
材质：100% 桑蚕丝
风格：新古典中式
颜色：殷红、墨黑色

禅月·床品

品牌：寐 MINE
市场价：18 999 元 / 四件套
材质：65 % 真丝及 35 % 黏胶纤维
风格：新古典中式
颜色：豆灰色

琇·床品

品牌：寐 MINE
市场价：9 999 元 / 四件套
材质：意大利进口埃及长绒棉色织提花
风格：新中式
颜色：蓝

搭巾

系列搭巾均采用柔软亲肤的针织棉、羊毛、羊仔毛材料，柔软的质感摸上去温暖无比，采用先进纯色针织工艺，制造出手感柔软细腻、风格简约的搭巾，搭配条纹、麻花、棱格设计，大方得体；两款棉麻质地床搭，纹路细腻搭配同色系流苏，使床品搭配更出彩更具艺术感。

橄榄绿毛线搭巾

品牌：蓦然回首
型号：65000014
规格：800mm × 2400mm
市场价：1288 元
材质：针织棉
产地：广东

羊毛搭巾

品牌：蓦然回首
型号：65000020
规格：1500mm × 2000m
市场价：668 元
材质：羊毛
产地：广东

毛线搭巾

品牌：蓦然回首
型号：65000018
规格：800mm × 2400mm
市场价：1288 元
材质：针织棉
产地：广东

羊仔毛搭巾

品牌：蓦然回首
型号：65000021
规格：1400mm × 2400mm
市场价：1568 元
材质：羊仔毛
产地：广东

羊仔毛搭巾

品牌：蓦然回首
型号：65000025
规格：1150mm × 2400mm
市场价：1568 元
材质：羊仔毛
产地：广东

羊仔毛搭巾

品牌：蓦然回首
型号：65000022
规格：1400mm × 2400mm
市场价：1300 元
材质：羊仔毛
产地：广东

羊仔毛搭巾

品牌：蓦然回首
型号：65000023
规格：1500mm × 2500mm
市场价：1488 元
材质：羊仔毛
产地：广东

羊仔毛搭巾

品牌：蓦然回首
型号：65000024
规格：1400mm × 2400mm
市场价：1300 元
材质：羊仔毛
产地：广东

床搭

品牌：蓦然回首
型号：650000291
规格：350mm × 2500mm
市场价：3120 元
材质：棉麻
产地：广州

地毯

欧式简花地毯

品牌：广州市新滨图
型号：OH-1308295
规格：1300mm×1930mm
市场价：1 566 元
材质：新毛
风格：简欧

欧式简花地毯

品牌：广州市新滨图
型号：OH-1310438-14
规格：2400mm×3200mm
市场价：7 066 元
材质：新毛、人造棉
风格：简欧

欧式简花地毯

品牌：广州市新滨图
型号：OH-1301018
规格：2000mm×1500mm
市场价：2 352 元
材质：新毛
风格：简欧

格子主题地毯

品牌：广州市新滨图
型号：D1819-04b
规格：2100mm×3200mm
市场价：2 795 元
材质：国毛、腈纶
风格：现代

简约线条地毯

品牌：广州市新滨图
型号：OH-1308276
规格：Φ3000mm
市场价：5 935 元
材质：新毛 2/760
风格：简欧

艺术抽象挂毯

品牌：广州市新滨图
型号：会展样板
规格：2400mm×2400mm
市场价：11 520 元
材质：新毛、人造丝
风格：现代

马赛克主题地毯

品牌：广州市新滨图
型号：OH-1301051
规格：406.40mm×3810mm
市场价：10 405 元
材质：新毛
风格：现代

斑驳主题地毯

品牌：广州市新滨图
型号：OH-1209412
规格：Φ3810mm
市场价：7 658 元
材质：新毛
风格：现代

线条主题地毯

品牌：广州市新滨图
型号：OH-1208322-1
规格：7000mm × 3700mm
市场价：36 260 元
材质：国毛、幼真丝
风格：现代

孔雀开屏地毯

品牌：广州市新滨图
型号：OH-1307220
规格：233.70mm × 360.70mm
市场价：6 069 元
材质：尼龙
风格：新中式

蝴蝶主题挂毯

品牌：广州市新滨图
型号：OH-1306201-1
规格：1650mm × 1220mm
市场价：4 026 元
材质：新毛、人造丝
风格：新中式

斑驳纹主题地毯

品牌：广州市新滨图
型号：OH-1209406
规格：3000mm × 2000mm
市场价：4 608 元
材质：新毛、人棉
风格：新中式

油画主题挂毯

品牌：广州市新滨图
型号：OH-1301072
规格：960mm × 3300mm
市场价：2 230 元
材质：新毛
风格：油画

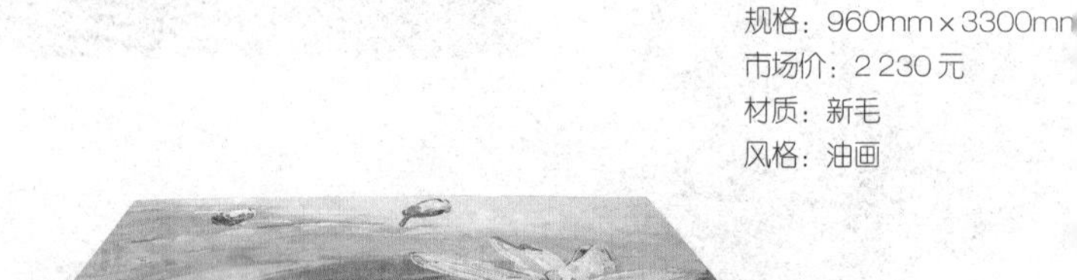

单花主题地毯

品牌：广州市新滨图
型号：OH-1203101
规格：Φ2750mm
市场价：3 989 元
材质：新毛
风格：新中式

油画主题挂毯

品牌：广州市新滨图
型号：OH-1301073
规格：2500mm × 2500mm
市场价：5 625 元
材质：新毛
风格：油画

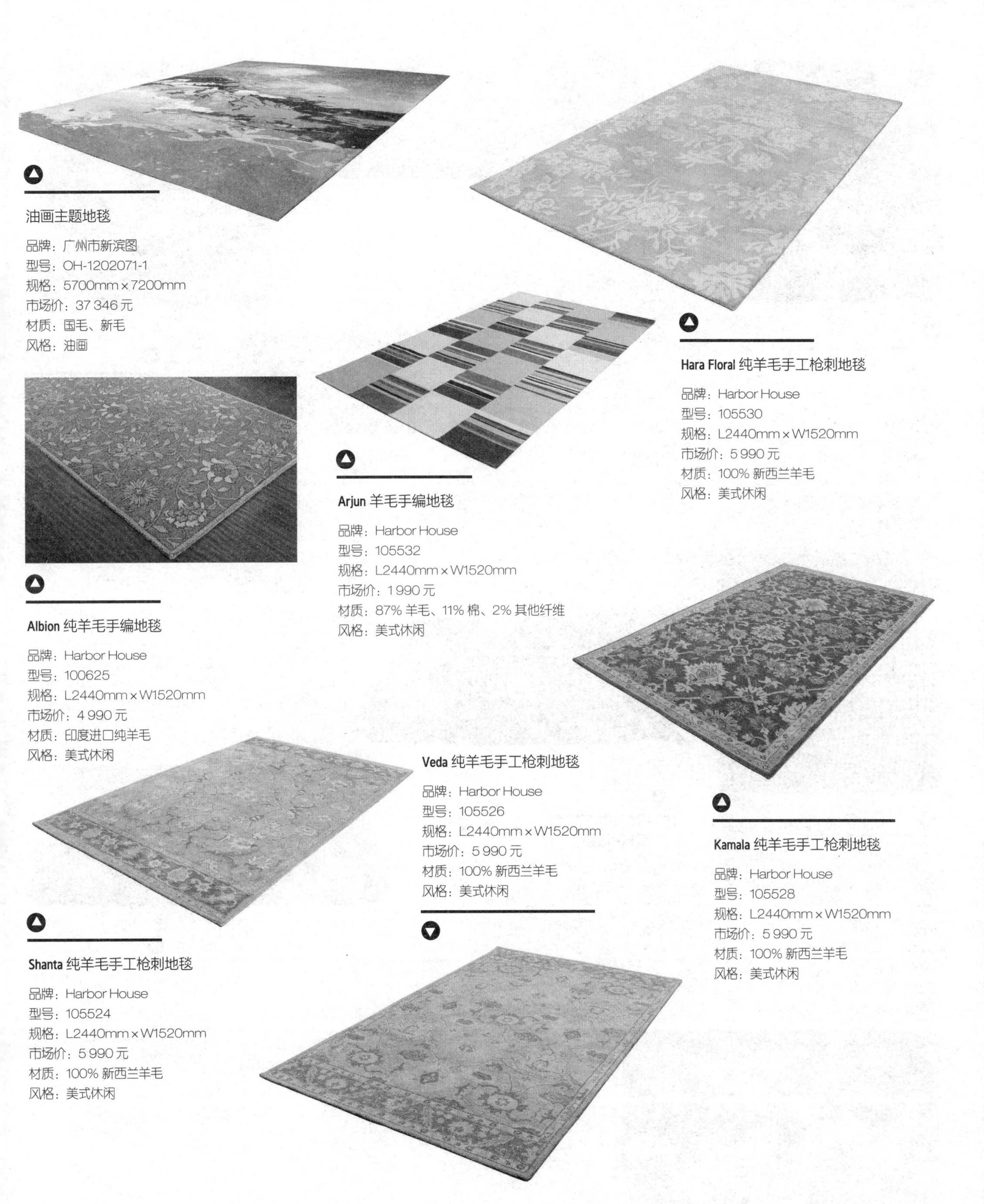

油画主题地毯

品牌：广州市新滨图
型号：OH-1202071-1
规格：5700mm×7200mm
市场价：37 346 元
材质：国毛、新毛
风格：油画

Hara Floral 纯羊毛手工枪刺地毯

品牌：Harbor House
型号：105530
规格：L2440mm×W1520mm
市场价：5 990 元
材质：100% 新西兰羊毛
风格：美式休闲

Arjun 羊毛手编地毯

品牌：Harbor House
型号：105532
规格：L2440mm×W1520mm
市场价：1 990 元
材质：87% 羊毛、11% 棉、2% 其他纤维
风格：美式休闲

Albion 纯羊毛手编地毯

品牌：Harbor House
型号：100625
规格：L2440mm×W1520mm
市场价：4 990 元
材质：印度进口纯羊毛
风格：美式休闲

Veda 纯羊毛手工枪刺地毯

品牌：Harbor House
型号：105526
规格：L2440mm×W1520mm
市场价：5 990 元
材质：100% 新西兰羊毛
风格：美式休闲

Kamala 纯羊毛手工枪刺地毯

品牌：Harbor House
型号：105528
规格：L2440mm×W1520mm
市场价：5 990 元
材质：100% 新西兰羊毛
风格：美式休闲

Shanta 纯羊毛手工枪刺地毯

品牌：Harbor House
型号：105524
规格：L2440mm×W1520mm
市场价：5 990 元
材质：100% 新西兰羊毛
风格：美式休闲

手工地毯

品牌：蓦然回首
型号：85000002
规格：1600mm × 2300mm
市场价：9 700 元
材质：涤纶
风格：美式休闲
产地：印度

手工地毯

品牌：蓦然回首
型号：85000007
规格：2000mm × 3000mm
市场价：17 578 元
材质：涤纶
风格：美式休闲
产地：印度

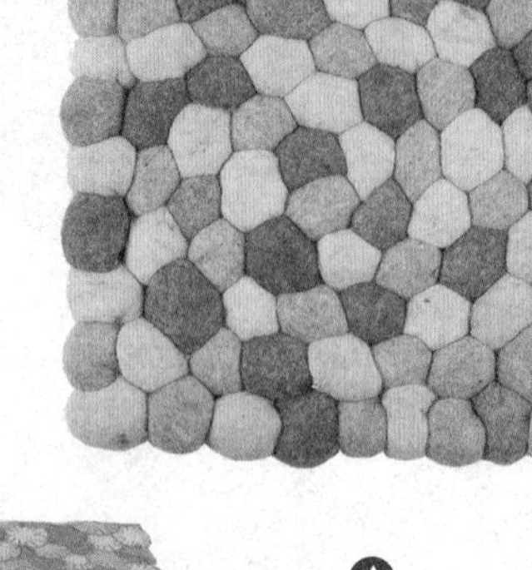

手工地毯

品牌：蓦然回首
型号：85000008
规格：1600mm × 2300mm
市场价：19 800 元
材质：涤纶
风格：美式休闲
产地：印度

手工羊毛地毯

品牌：蓦然回首
型号：85000015
规格：1600mm × 2300mm
市场价：5 098 元
材质：羊毛
风格：美式休闲
产地：印度

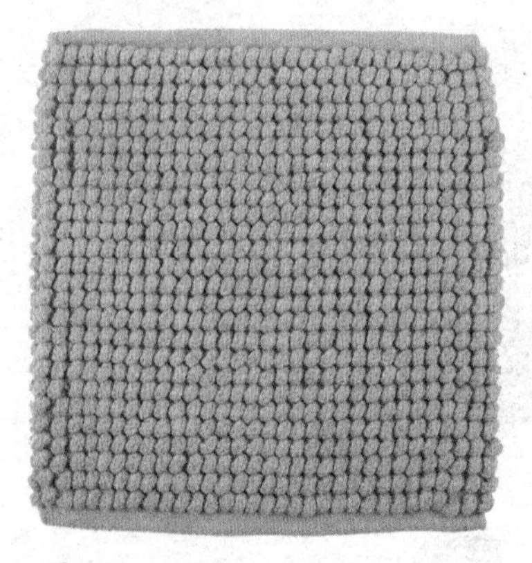

手工地毯

品牌：蓦然回首
型号：85000013
规格：1600mm × 2300mm
市场价：5 808 元
材质：羊毛
风格：美式休闲
产地：印度

手工羊毛地毯

品牌：蓦然回首
型号：85000010
规格：1600mm × 2300mm
市场价：11 168 元
材质：羊毛
风格：美式休闲
产地：印度

手工羊毛地毯

品牌：蓦然回首
型号：85000017
规格：1600mm × 2300mm
市场价：15 200 元
材质：羊毛
风格：美式休闲
产地：印度

手工羊毛地毯

品牌：蓦然回首
型号：85000016
规格：2000mm × 3000mm
市场价：8 300 元
材质：羊毛
风格：美式休闲
产地：印度

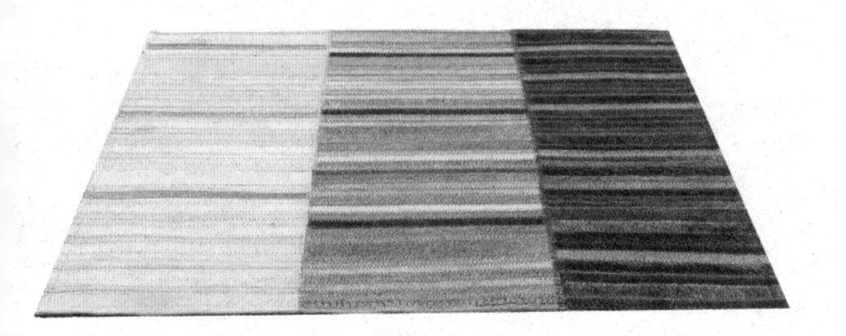

手工羊毛地毯

品牌：蓦然回首
型号：85000025
规格：1600mm×2300mm
市场价：12 500 元
材质：牛皮
风格：美式休闲
产地：印度

考拉毯

品牌：蓦然回首
型号：63000067
规格：620mm×920mm
市场价：2 228 元
材质：100% 羊毛
风格：美式休闲
产地：新西兰

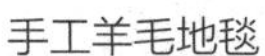

手工羊毛地毯

品牌：蓦然回首
型号：85000020
规格：1600mm×2300mm
市场价：12 500 元
材质：牛皮
风格：美式休闲
产地：印度

手工羊毛地毯

品牌：蓦然回首
型号：85000027
规格：1600mm×2300mm
市场价：5 458 元
材质：羊毛
风格：美式休闲
产地：印度

卡布奇诺圆毯

品牌：蓦然回首
型号：63000069
规格：1200mm
市场价：5 098 元
材质：100% 羊毛
风格：美式休闲
产地：新西兰

手工羊毛地毯

品牌：蓦然回首
型号：85000019
规格：1600mm×2300mm
市场价：8 585 元
材质：羊毛
风格：美式休闲
产地：印度

手工羊毛地毯

品牌：蓦然回首
型号：85000021
规格：1600mm×2300mm
市场价：12 800 元
材质：羊毛
风格：美式休闲
产地：印度

软装素材宝典

VALUABLE BOOK

ABOUT SOFT FURNISHING

MATERIALS

花艺 / Flower

室内绿化和花艺是装点生活的艺术，是将花、草等植物经过构思、制作而创造出的艺术品，在家庭装饰中，花艺设计是一门不折不扣的综合性艺术，其质感、色彩的变化对室内的整体环境起着重要的作用。室内绿化、花艺具有多种功能，包括美化功能、文化功能和社会功能。这些功能的重要性日趋凸显，使它越来越受到人们的青睐。

家居花艺的陈列、创意与设计，主要包含客厅、卧室、餐桌、书房、厨卫以及阳台等空间。设计师在进行家居花艺陈列设计时，需要遵循在不同的空间中进行合理、科学的“陈列与搭配”，目的是打造一种温馨幸福的生活氛围。软装陈列设计师、空间花艺设计师、单品花艺设计师、花艺爱好者们，需了解不同空间的家居花艺主题，才能打造时尚新生活。花艺表达各种空间情感语言主要通过造型和色彩，色彩质感较丰富的环境中，各种元素应该是越协调越好；色彩质感较一致的环境中，设计时应该选用对比较强烈的手法，以打破沉闷。

仿真花

花艺

品牌：蓦然回首
型号：73000090
产地：广州
规格：170mm×170mm×420mm
市场价：1 400 元
材质：陶瓷、干花

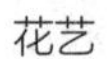

花艺

品牌：蓦然回首
型号：73000088
产地：广州
规格：30.50mm×30.50mm×510mm
市场价：3 500 元
材质：陶瓷、干花

花艺

品牌：蓦然回首
型号：73000089
规格：36.50mm×36.50mm×50.50mm
市场价：4 200 元
材质：陶瓷、干花
产地：广州

花艺

品牌：蓦然回首
型号：73000094
规格：30.50mm×190mm×510mm
市场价：2 800 元
材质：陶瓷、干花
产地：广州

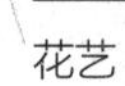

花艺

品牌：蓦然回首
型号：73000093
规格：400mm×190mm×510mm
市场价：3 200 元
材质：陶瓷、干花
产地：广州

花艺

品牌：蓦然回首
型号：73000091
规格：345mm×150mm×515mm
市场价：1785 元
材质：陶瓷、干花
产地：广州

花艺

品牌：蓦然回首
型号：73000095
规格：28.50mm×160mm×200mm
市场价：910 元
材质：陶瓷、干花
产地：广州

花艺

品牌：蓦然回首
型号：73000092
规格：230mm×230mm×390mm
市场价：1 600 元
材质：陶瓷、干花
产地：广州

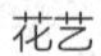

花艺

品牌：蓦然回首
型号：73000097
规格：32.50mm×190mm×520mm
市场价：2 350 元
材质：陶瓷、干花
产地：广州

花艺

品牌：蓦然回首
型号：73000096
规格：410mm×240mm×710mm
市场价：4 200 元
材质：陶瓷、干花
产地：广州

仿真蔬果

仿真黄芒果

品牌：蓦然回首
型号：74000052
规格：常规
市场价：40 元
材质：树脂
产地：深圳

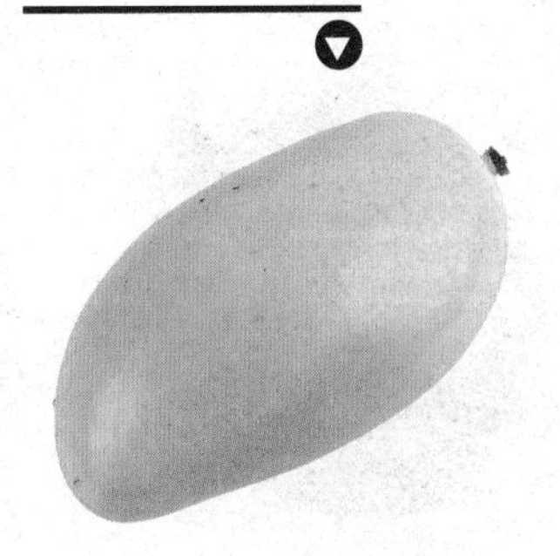

仿真黄肥梨

品牌：蓦然回首
型号：74000051
规格：常规
市场价：40 元
材质：树脂
产地：深圳

仿真香蕉

品牌：蓦然回首
型号：74000054
规格：常规
市场价：60 元
材质：树脂
产地：深圳

高仿大包菜

品牌：蓦然回首
型号：74000060
规格：常规
市场价：230 元
材质：树脂
产地：深圳

仿真红五爪苹果

品牌：蓦然回首
型号：74000056
规格：常规
市场价：40 元
材质：树脂
产地：深圳

仿真杨桃

品牌：蓦然回首
型号：74000053
规格：常规
市场价：40 元
材质：树脂
产地：深圳

高仿大生菜

品牌：蓦然回首
型号：74000057
规格：常规
市场价：230 元
材质：树脂
产地：深圳

高仿小包菜

品牌：蓦然回首
型号：74000058
规格：常规
市场价：168 元
材质：树脂
产地：深圳

高仿紫花菜

品牌：蓦然回首
型号：74000014
规格：常规
市场价：230 元
材质：树脂
产地：深圳

高仿夏白菜

品牌：蓦然回首
型号：74000059
规格：常规
市场价：168 元
材质：树脂
产地：深圳

仿真灯笼椒红色

品牌：蓦然回首
型号：74000062
规格：常规
市场价：66 元
材质：树脂
产地：深圳

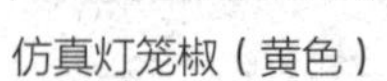

仿真灯笼椒（黄色）

品牌：蓦然回首
型号：74000063
规格：常规
市场价：66 元
材质：树脂
产地：深圳

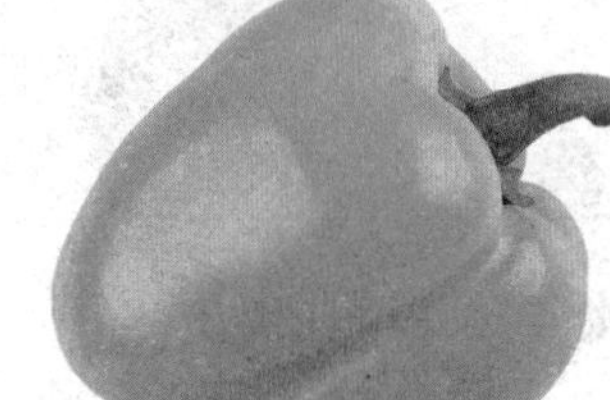

仿真南瓜

品牌：蓦然回首
型号：74000068
规格：常规
市场价：55 元
材质：树脂
产地：深圳

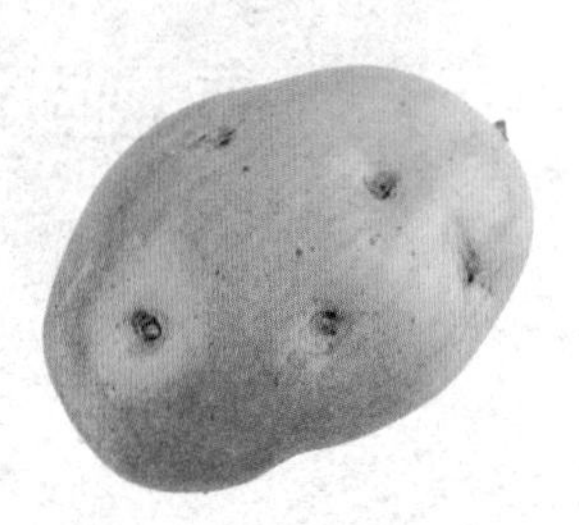

仿真土豆

品牌：蓦然回首
型号：74000021
规格：常规
市场价：55 元
材质：树脂
产地：深圳

仿真灯笼椒（青色）

品牌：蓦然回首
型号：74000064
规格：常规
市场价：55 元
材质：树脂
产地：深圳

仿真红萝卜

品牌：蓦然回首
型号：74000015
规格：常规
市场价：66 元
材质：树脂
产地：深圳

仿真茄子

品牌：蓦然回首
型号：74000067
规格：常规
市场价：100 元
材质：树脂
产地：深圳

仿真植物

品牌：蓦然回首
型号：73000083
规格：600mm × 600mm × 2020mm
市场价：4 388 元
材质：树脂
产地：广东

仿真植物

品牌：蓦然回首
型号：73000085
规格：600mm × 600mm × 1000mm
市场价：4 428 元
材质：树脂
产地：广东

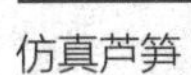

仿真芦笋

品牌：蓦然回首
型号：74000066
规格：常规
市场价：100 元
材质：树脂
产地：深圳

仿真辣椒串

品牌：蓦然回首
型号：74000091
规格：常规
市场价：108 元
材质：树脂
产地：浙江

仿真植物

品牌：蓦然回首
型号：73000084
规格：550mm × 550mm × 1550mm
市场价：5 748 元
材质：树脂
产地：广东

仿真植物

品牌：蓦然回首
型号：73000086
规格：310mm × 310mm × 970mm
市场价：3 268 元
材质：树脂
产地：广东

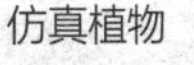

仿真植物

品牌：蓦然回首
型号：73000087
规格：340mm × 340mm × 1240mm
市场价：5 708 元
材质：树脂
产地：广东

软装素材宝典

VALUABLE BOOK

ABOUT SOFT FURNISHING

MATERIALS

画品 / Painting

装饰画在室内装饰中起到很重要的作用，装饰画没有好坏之分，只有合适与不合适的区别。软装设计师要具备适当的装饰画知识，认识和熟悉各种画品的历史、色彩、工艺和装裱方式，熟练掌握各种特性的装饰画的运用技巧和陈设方式，通过合理的搭配和选择，将合适的画品用到合适的地方。

画品在空间中的运用主要讲究搭配技巧，日常操作中有选画、布置和挂画几个过程，每个过程都是激情与想象的体验，同时也是理性与感性的交融和平衡，可以把这个过程看做一次美妙的艺术之旅。软装设计师在选画的过程中一定要了解清楚业主的喜好或项目的需求，切忌把个人的喜好强加于方案中，作为艺术顾问只是从旁帮助业主完善其美好的构想。首先，选画的时候可以根据家居装饰的风格来确定画品，主要考虑画的风格种类，画框的材质、造型，画的色彩等方面因素。其次，挂画的方式正确与否，直接影响到画作的情感表达和空间的协调性。

挂画首先应选择好位置，画要挂在引人注目的墙面，或者开阔的地方，避免挂在房间的角落，或者有阴影的地方。挂画的高度还要根据摆设物决定，一般要求摆设的工艺品高度和面积不超过画品的 1/3 为宜，并且不能遮挡画品的主要表现点。挂画应控制高度，控制挂画高度是为了便于欣赏，可以根据画品的大小、类型、内容等实际情况来进行操作。

水彩画

水彩画

品牌：东街 6 号
型号：LM-S1
规格：550mm × 750mm
市场价：500 元
材质：水彩纸

水彩画

品牌：东街 6 号
型号：LM-S5
规格：550mm × 600mm
市场价：500 元
材质：水彩纸

水彩画

品牌：东街 6 号
型号：LM-S6
规格：550mm × 600mm
市场价：500 元
材质：水彩纸

水彩画

品牌：东街 6 号
型号：LM-S2
规格：550mm × 750mm
市场价：500 元
材质：水彩纸

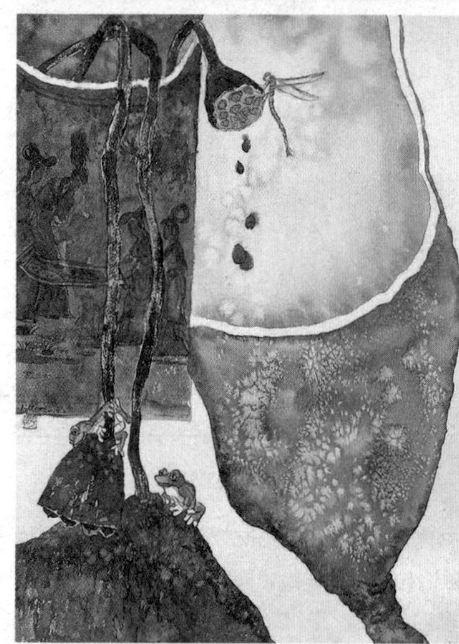

水彩画

品牌：东街 6 号
型号：LM-S7
规格：550mm × 750mm
市场价：500 元
材质：水彩纸

水彩画

品牌：东街 6 号
型号：LM-S9
规格：550mm × 750mm
市场价：500 元
材质：水彩纸

水彩画

品牌：东街 6 号
型号：LM-S8
规格：550mm×750mm
市场价：500 元
材质：水彩纸

水彩画

品牌：东街 6 号
型号：LM-S10
规格：550mm×750mm
市场价：500 元
材质：水彩纸

水彩画

品牌：东街 6 号
型号：LM-S17
规格：550mm×750mm
市场价：500 元
材质：水彩纸

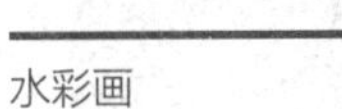

水彩画

品牌：东街 6 号
型号：LM-S12
规格：550mm×750mm
市场价：500 元
材质：水彩纸

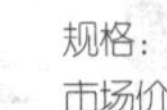

水彩画

品牌：东街 6 号
型号：LM-S13
规格：550mm×750mm
市场价：500 元
材质：水彩纸

水彩画

品牌：东街 6 号
型号：LM-S11
规格：550mm×750mm
市场价：500 元
材质：水彩纸

水彩画

品牌：东街 6 号
型号：LM-S15
规格：550mm×750mm
市场价：500 元
材质：水彩纸

水彩画

品牌：东街 6 号
型号：LM-S22
规格：550mm × 750mm
市场价：500 元
材质：水彩纸

水彩画

品牌：东街 6 号
型号：LM-S24
规格：550mm × 750mm
市场价：500 元
材质：水彩纸

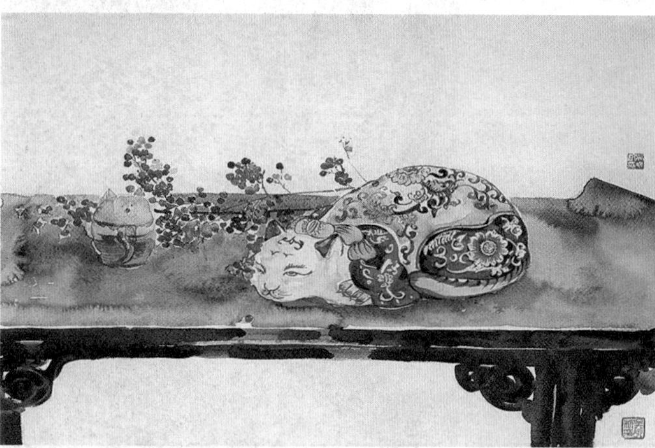

水彩画

品牌：东街 6 号
型号：LM-S18
规格：550mm × 750mm
市场价：500 元
材质：水彩纸

水彩画

品牌：东街 6 号
型号：LM-S20
规格：550mm × 750mm
市场价：500 元
材质：水彩纸

水彩画

品牌：东街 6 号
型号：LM-S19
规格：550mm × 750mm
市场价：500 元
材质：水彩纸

水彩画

品牌：东街 6 号
型号：LM-S21
规格：550mm × 750mm
市场价：500 元
材质：水彩纸

水彩画

品牌：东街 6 号
型号：LM-S23
规格：550mm × 750mm
市场价：500
材质：水彩纸

水墨画

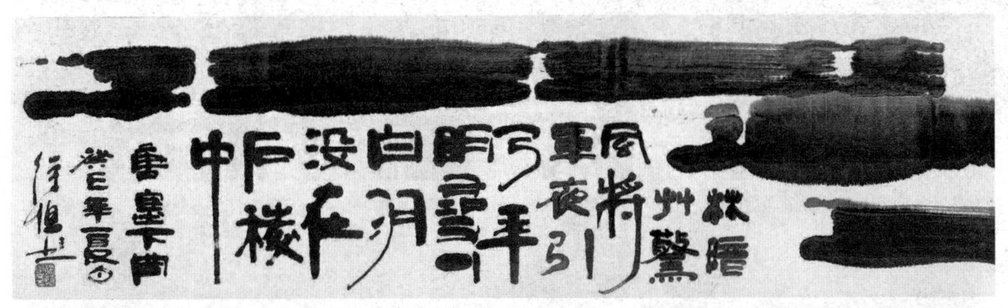

水墨画

品牌：东街 6 号
型号：LM-M4
规格：1800mm × 450mm
市场价：500 元
材质：宣纸

水墨画

品牌：东街 6 号
型号：LM-M2
规格：1800mm × 450mm
市场价：500 元
材质：宣纸

水墨画

品牌：东街 6 号
型号：LM-M1
规格：1800mm × 450mm
市场价：500 元
材质：宣纸

水墨画

品牌：东街 6 号
型号：LM-M3
规格：1800mm × 450mm
市场价：500 元
材质：宣纸

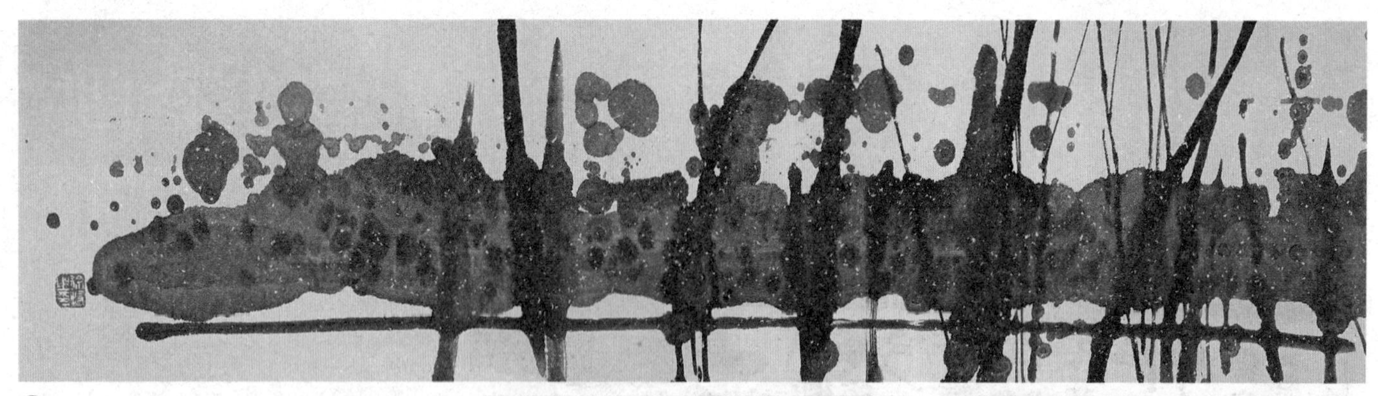

水墨画

品牌：东街 6 号
型号：LM-M5
规格：1800mm × 450mm
市场价：500 元
材质：水彩纸

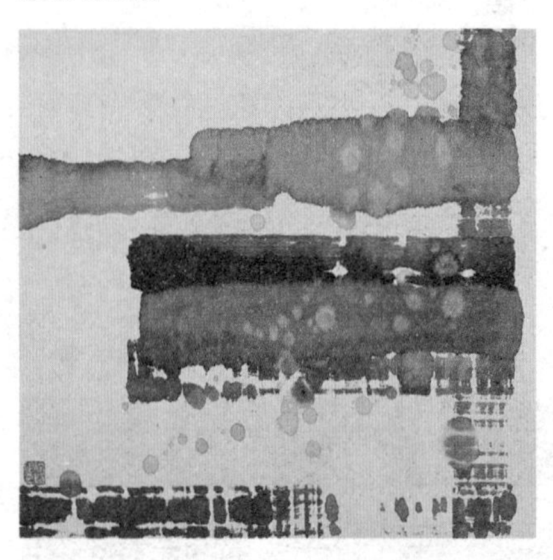

水墨画

品牌：东街 6 号
型号：LM-M
规格：700mm × 700mm
市场价：500 元
材质：宣纸

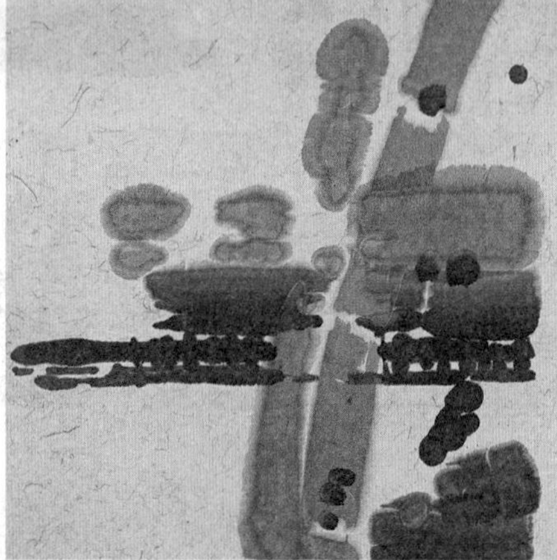

水墨画

品牌：东街 6 号
型号：LM-M
规格：700mm × 700mm
市场价：500 元
材质：宣纸

水墨画

品牌：东街 6 号
型号：LM-M
规格：700mm × 700mm
市场价：500 元
材质：宣纸

水墨画

品牌：东街 6 号
型号：LM-M
规格：700mm × 700mm
市场价：500 元
材质：宣纸

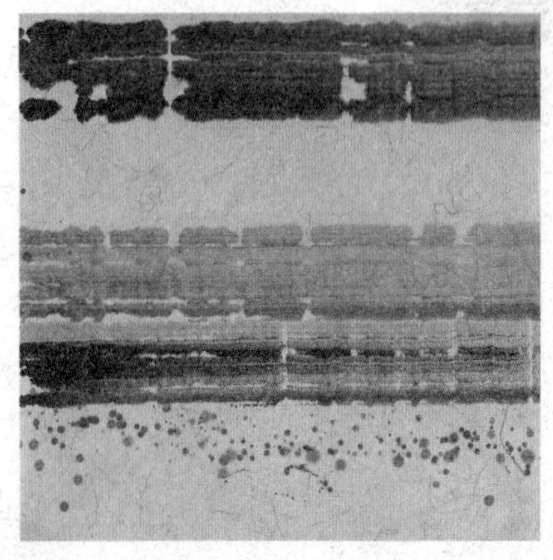

水墨画

品牌：东街 6 号
型号：LM-M
规格：700mm × 700mm
市场价：500 元
材质：宣纸

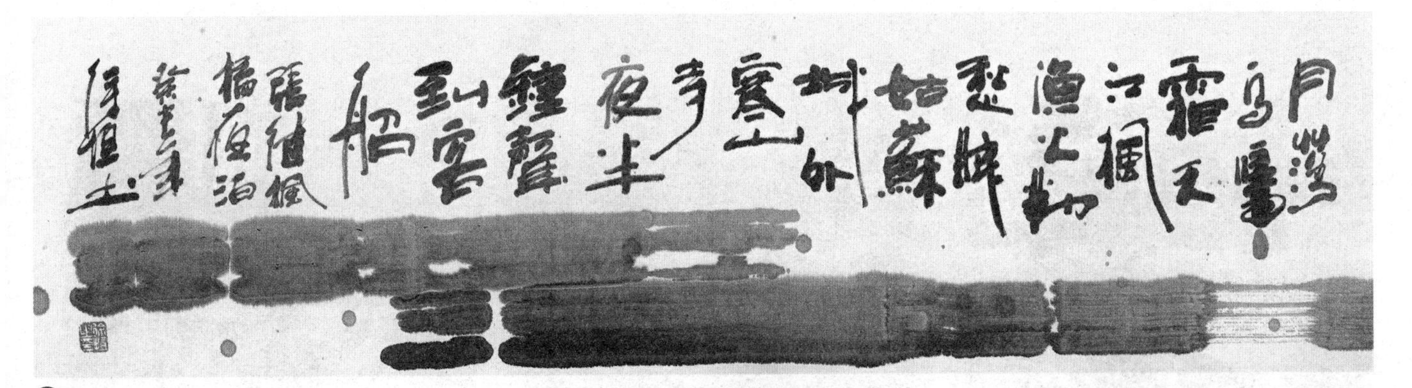

水墨画

品牌：东街 6 号
型号：LM-M
规格：1800mm × 450mm
市场价：500 元
材质：宣纸

水墨画

品牌：东街 6 号
型号：LM-M
规格：700mm × 700mm
市场价：500 元
材质：宣纸

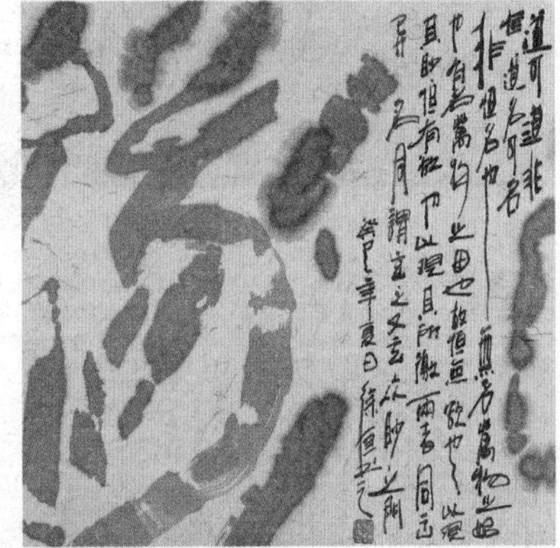

水墨画

品牌：东街 6 号
型号：LM-M
规格：700mm × 700mm
市场价：500 元
材质：宣纸

水墨画

品牌：东街 6 号
型号：LM-M
规格：1800mm × 450mm
市场价：500 元
材质：宣纸

水墨画

品牌：东街 6 号
型号：LM-M
规格：700mm × 700mm
市场价：500 元
材质：宣纸

水墨画

品牌：东街 6 号
型号：LM-M
规格：700mm × 700mm
市场价：500 元
材质：宣纸

水墨画

品牌：东街 6 号
型号：LM-M
规格：700mm × 700mm
市场价：500 元
材质：宣纸

水墨画

品牌：东街 6 号
型号：LM-M
规格：700mm × 700mm
市场价：500 元
材质：宣纸

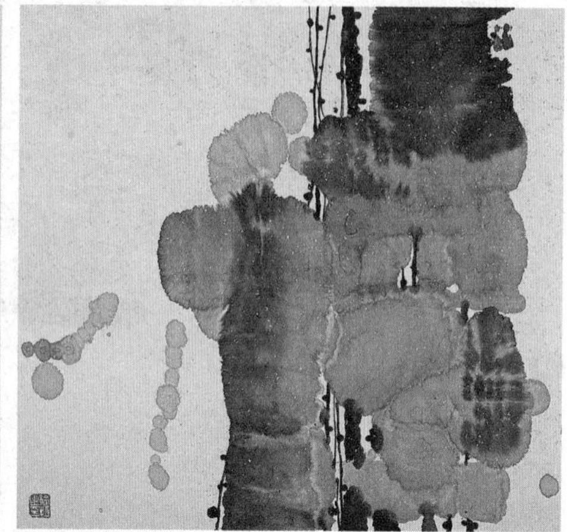

水墨画

品牌：东街 6 号
型号：LM-M
规格：700mm × 700mm
市场价：500 元
材质：宣纸

水墨画

品牌：东街 6 号
型号：LM-M
规格：700mm × 700mm
市场价：500 元
材质：宣纸

水墨画

品牌：东街 6 号
型号：LM-M
规格：700mm × 700mm
市场价：500 元
材质：宣纸

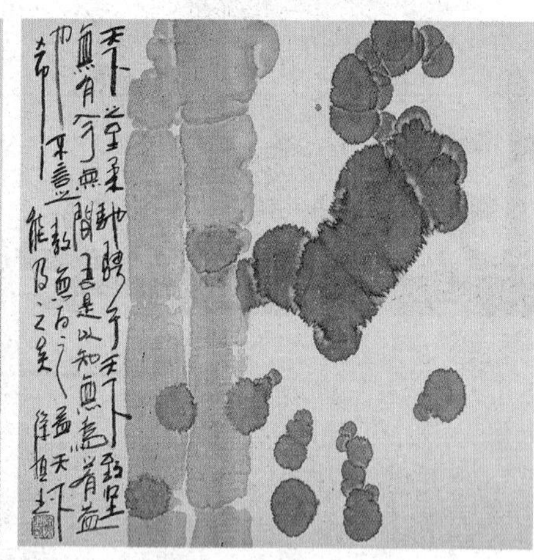

水墨画

品牌：东街 6 号
型号：LM-M
规格：700mm × 700mm
市场价：500 元
材质：宣纸

油画

本系列油画是在经过处理的实木上作画，使色彩丰富逼真，画面明暗分明，比例准确，展示了画家高超的艺术造诣和设计师在画框选择方面的艺术品味。

手绘油画

品牌：蓦然回首
货号：11000110
规格：960mm×960mm
市场价：2 508 元
材质：实木
产地：广东

手绘油画

品牌：蓦然回首
货号：11000040
规格：960mm×960mm
市场价：3 300 元
材质：实木
产地：广州

手绘油画

品牌：蓦然回首
货号：11000079
规格：960mm×960mm
市场价：2 615 元
材质：实木
产地：广东

手绘油画

品牌：蓦然回首
货号：11000072
规格：960mm×960mm
市场价：2 115 元
材质：实木
产地：广东

手绘油画

品牌：蓦然回首
货号：11000044
规格：960mm×960mm
市场价：21 150 元
材质：实木
产地：广州

手绘油画

品牌：蓦然回首
货号：11000082
规格：560mm × 1650mm
市场价：2 855 元
材质：实木
产地：广东

手绘油画

品牌：蓦然回首
货号：11000104
规格：960mm × 960mm
市场价：2 115
材质：实木
产地：广东

手绘油画

品牌：蓦然回首
货号：11000070
规格：660mm × 660mm
市场价：1 295 元
材质：实木
产地：广东

手绘油画

品牌：蓦然回首
货号：11000096
规格：530mm × 1630mm
市场价：2 628 元
材质：实木
产地：广东

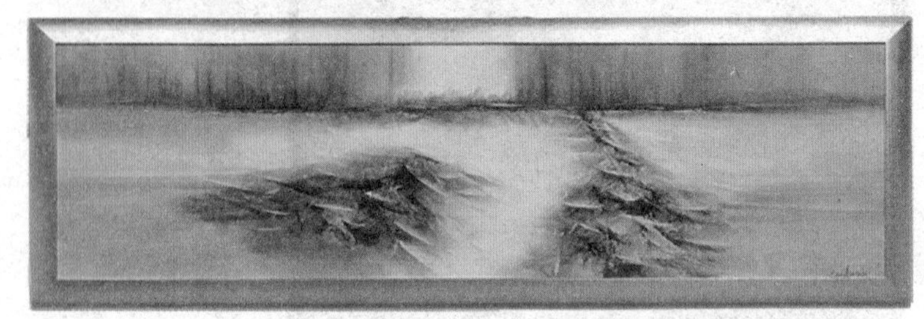

本系列装饰画采用优质的布料、宣纸、木材，使这一系列装饰画的质量成为上层之选，加之设计师在画布上巧妙的设计，使得装饰画更加多变，并且充满浓厚的艺术气息。

装饰画

品牌：蓦然回首
型号：13000067
规格：360mm×360mm
市场价：590 元
材质：实木
产地：深圳

装饰画

品牌：蓦然回首
型号：11000444
规格：500mm×600mm
市场价：855 元
材质：宣纸、布料
产地：浙江

装饰画

品牌：蓦然回首
型号：11000445
规格：500mm×600mm
市场价：855 元
材质：宣纸、布料
产地：浙江

装饰画

品牌：蓦然回首
型号：11000442
规格：500mm×600mm
市场价：855 元
材质：宣纸、布料
产地：浙江

装饰画

品牌：蓦然回首
型号：11000443
规格：500mm×600mm
市场价：855 元
材质：宣纸、布料
产地：浙江

手绘国画

品牌：蓦然回首
货号：11000468
规格：800mm × 800mm
市场价：5 700 元
材质：丝绢、国画工笔
产地：广东

手绘国画

品牌：蓦然回首
货号：11000469
规格：800mm × 800mm
市场价：5 700 元
材质：丝绢、国画工笔
产地：广东

立体装饰画

品牌：蓦然回首
型号：130001702
规格：1000mm × 1300mm
市场价：13 905 元
材质：钉子
产地：广州

立体装饰画

品牌：蓦然回首
货号：130001692
规格：960mm × 1200mm
市场价：5 490 元
材质：油画、纤维材料
产地：广州

立体装饰画

品牌：蓦然回首
货号：130001672
规格：950mm × 1150mm
市场价：5 490 元
材质：特殊肌理油画
产地：广州

立体装饰画

品牌：蓦然回首
货号：130001682
规格：960mm × 1200mm
市场价：5 490 元
材质：油画、纤维材料
产地：广州

装饰画

品牌：蓦然回首
型号：11000446
规格：500mm × 600mm
市场价：855 元
材质：宣纸、布料
产地：浙江

装饰画

品牌：蓦然回首
型号：11000448
规格：500mm × 600mm
市场价：765 元
材质：宣纸、布料
产地：浙江

装饰画

品牌：蓦然回首
型号：11000447
规格：500mm × 600mm
市场价：765 元
材质：宣纸、布料
产地：浙江

装饰画

品牌：蓦然回首
型号：13000012
规格：650mm × 650mm
市场价：2 140 元
材质：白木
产地：深圳

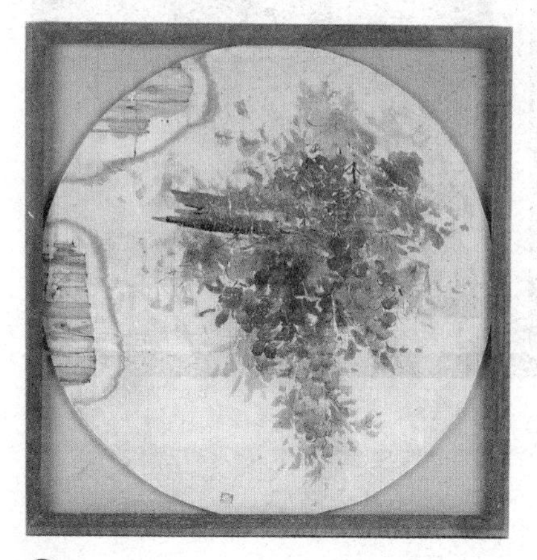

手绘立体画

品牌：蓦然回首
型号：13000157
规格：800mm × 800mm
市场价：5 800 元
材质：实木
设计 / 产地：福建

手绘立体画

品牌：蓦然回首
型号：13000156
规格：800mm × 800mm
市场价：5 800 元
材质：实木
设计 / 产地：福建

装饰画

品牌：蓦然回首
型号：13000024
规格：900mm × 900mm
市场价：2 915 元
材质：白木
产地：深圳

装饰画

品牌：蓦然回首
型号：13000033
规格：600mm × 600mm
市场价：1 725 元
材质：白木
产地：深圳

装饰画

品牌：蓦然回首
型号：13000052
规格：800mm × 800mm
市场价：2 140 元
材质：白木
产地：深圳

装饰画

品牌：蓦然回首
型号：13000064
规格：360mm × 360mm
市场价：590 元
材质：实木
产地：深圳

装饰画

品牌：蓦然回首
型号：13000071
规格：550mm × 550mm
市场价：1 228 元
材质：实木
产地：深圳

立体装饰画

品牌：蓦然回首
型号：130001722
规格：1000mm × 1000mm
市场价：6 645 元
材质：木纹材质
产地：广州

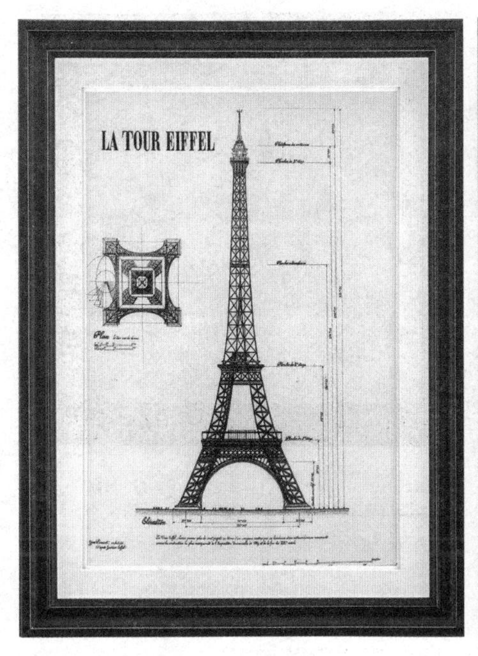

埃菲尔铁塔装饰画

品牌：Harbor House
型号：105157
规格：L70.5mm × W950mm
市场价：1 780 元
材质：纸、实木

自由女神装饰画

品牌：Harbor House
型号：105158
规格：L70.5mm × W950mm
市场价：1 780 元
材质：纸、实木

装饰画

品牌：蓦然回首
型号：13000037
规格：500mm × 750mm
市场价：2 140 元
材质：白木
产地：深圳

装饰画

品牌：蓦然回首
型号：13000072
规格：600mm × 900mm
市场价：3 060 元
材质：实木
产地：深圳

装饰画

品牌：蓦然回首
型号：13000073
规格：600mm × 900mm
市场价：3 060 元
材质：实木
产地：深圳

植物装饰画

品牌：蓦然回首
型号：13000137
规格：400mm×400mm
市场价：658 元
材质：槭树叶
产地：广东

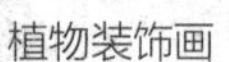

植物装饰画

品牌：蓦然回首
型号：13000138
规格：400mm×400mm
市场价：658 元
材质：槭树叶
产地：广东

植物装饰画

品牌：蓦然回首
型号：13000139
规格：400mm×400mm
市场价：658 元
材质：槭树叶
产地：广东

花卉手绘帆布加框油画

品牌：可立特家居
型号：HE2992
规格：L610mm×W40mm×H610mm
市场价：999 元
材质：帆布、油画
风格：法式休闲
设计说明：这幅油画画面唯美非常，灰白色大花朵与浅橙色背景的相衬，令空气中萦绕着淡淡的温馨感，清新的绿色提亮了画面光度。

花卉手绘帆布加框油画

品牌：可立特家居
型号：HE2991
规格：L610mm×W40mm×H 610mm
市场价：999 元
材质：帆布、油画
风格：法式休闲
设计说明：以浅蓝色为画品底色，簇拥成团的花朵由灰白和雏菊黄组成，碧绿色叶子与之结合，四种色彩的组合天衣无缝。

装饰画

品牌：蓦然回首
型号：13000084
规格：570mm×420mm
市场价：1230 元
材质：实木
产地：深圳

装饰画

品牌：蓦然回首
型号：13000079
规格：700mm×550mm
市场价：2 188 元
材质：实木
产地：深圳

装饰画

品牌：蓦然回首
型号：13000140
规格：600mm×800mm
市场价：2 828 元
材质：苦蒿 马鞭草、粉飞燕、棉花、金鸡菊等
产地：广东

植物装饰画

品牌：蓦然回首
型号：13000134
规格：800mm×800mm
市场价：1 978 元
材质：蕨类 水苎麻、白篙叶玫瑰叶等
产地：广东

植物装饰画

品牌：蓦然回首
型号：13000142
规格：48.60mm×70.60mm
市场价：1 388 元
材质：竹叶、水苎麻、苦蒿、金莲叶等
产地：广东

植物装饰画

品牌：蓦然回首
型号：13000141
规格：600mm×800mm
市场价：2 828 元
材质：槭树叶、黄晶菊、苦蒿、叶脉、蕾丝花等
产地：广东

软装素材宝典

VALUABLE BOOK

ABOUT SOFT FURNISHING

MATERIALS

杂项 / Other

Laguna 浴室柜

品牌：Harbor House
型号：103377
规格：L1520mm×W590mm×H850mm
市场价：15 800 元
材质：赤杨、樱桃木单板、环保人造板、大理石台面、陶瓷台盆
风格：美式休闲

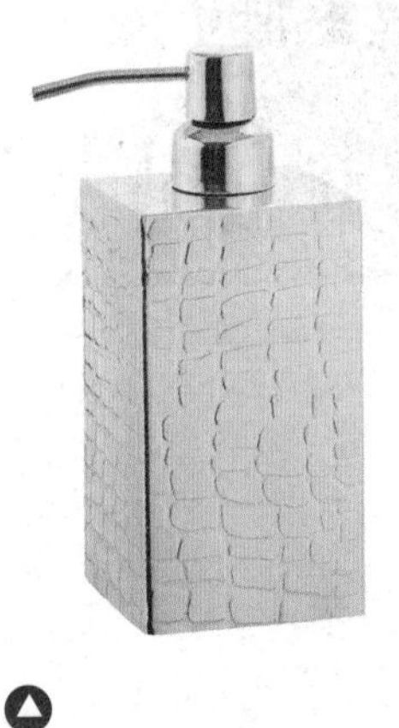

白贝母口杯

品牌：Harbor House
型号：103526
规格：L78mm×W78mm×H128mm
市场价：368 元
材质：贝母
风格：美式休闲

白贝母浴液瓶

品牌：Harbor House
型号：103524
规格：L78mm×W78mm×H186mm
市场价：398 元
材质：贝母
风格：美式休闲

浴液瓶

品牌：Harbor House
型号：102673
规格：L 70mm×W70mm×H210mm
市场价：298 元
材质：铜
风格：美式休闲

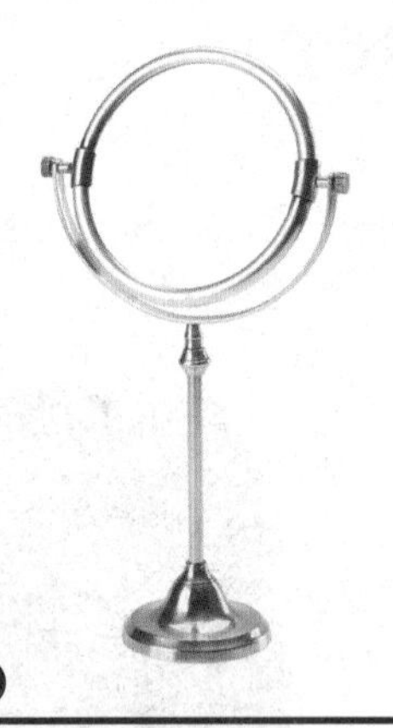

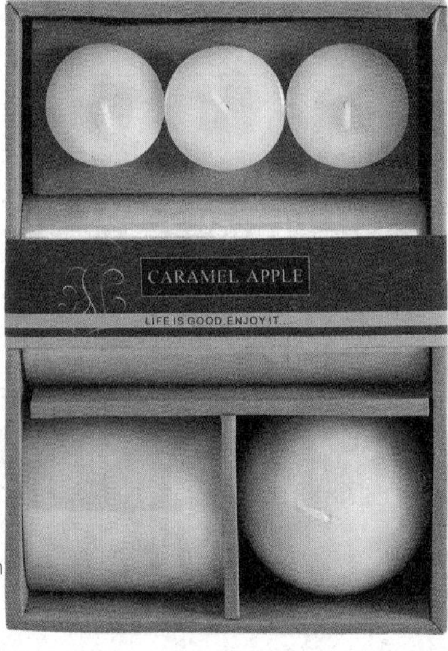

贝母肥皂托盘

品牌：Harbor House
型号：103525
规格：L78mm×W78mm×H186mm
市场价：398 元
材质：贝母
风格：美式休闲
产地：广东

铜质桌面圆镜

品牌：Harbor House
型号：104693
规格：L205mm×W95mm×H375mm
市场价：468 元
材质：铜、玻璃
风格：美式休闲

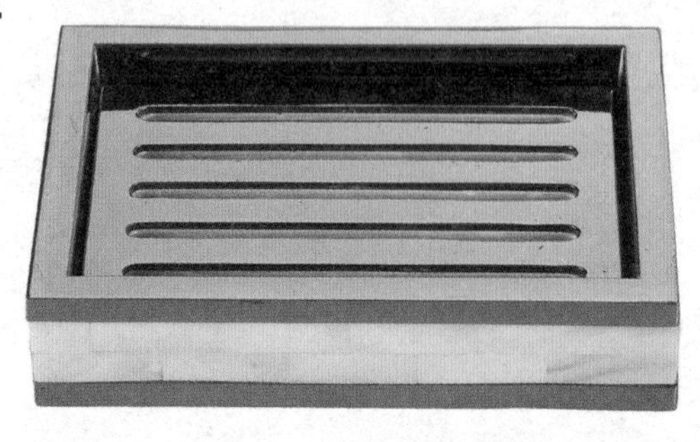

漱口杯

品牌：Harbor House
型号：102674
规格：Φ76mm;H102mm
市场价：128 元
材质：铜
风格：美式休闲

蜡烛礼盒装

品牌：Harbor House
型号：104248
规格：Φ69.850mm×H76.20mm（Φ69.80mm）
市场价：148 元
材质：石蜡
风格：美式休闲
产地：广东

"旗"烛台

品牌：JWDA

规格：100mm×100mm×90mm

市场价：定制产品

材质：铝、锌压铸品

设计说明：这款烛台是采用压铸锌制成，所有模型都是统一制作，拥有重量和稳定性。这种制作方式是具有成本效益的，因此适用于大众。这种材质经得起时间的考验，时间越久越好看。最初的灵感来源于一个航海主题，旗帜形状的手柄和漂浮的浮标底座。

钥匙柜

品牌：JWDA

规格：250mm×200mm×13 0mm

市场价：定制产品

材质：钢、黄铜

设计说明：这是一个专门用于储放钥匙的小柜子，内里有十个铁钩用于悬挂平时暂且用不到的钥匙。柜子小巧易于携带，是众多经常丢失钥匙的人的好帮手。

花盆

品牌：美豪

型号：MHAF011

规格：500mm×500mm×780mm

市场价：3 300 元

材质：铸铁、实木

风格：工业复古、乡村、北欧

设计说明：设计的亮点来自独特的细节，质朴的实木花桶，兽首门环装饰和兽脚造型更增添了历史的韵味

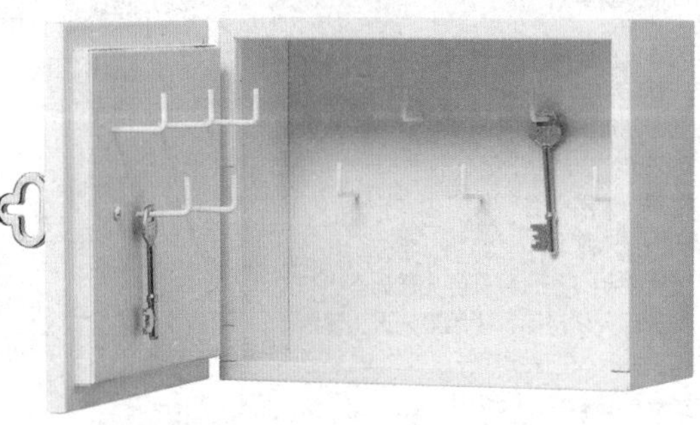

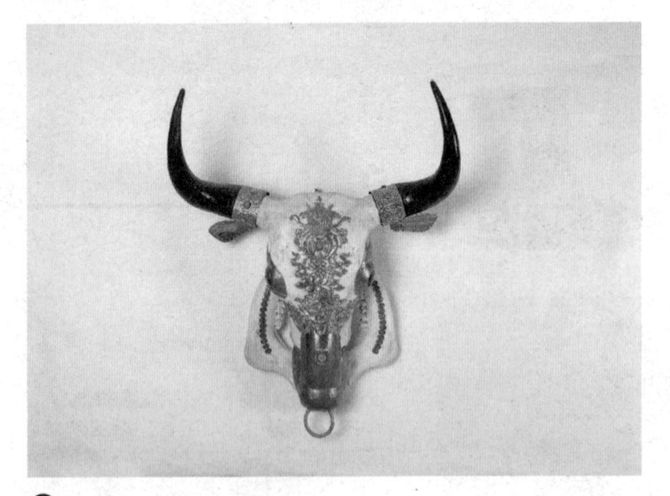

包铜牦牛头骨

品牌：深圳博艺标本艺术中心
型号：szby-010
规格：750mm × 700mm
市场价：3 250 元
材质：天然头骨
风格：东南亚
设计说明：包铜牦牛头骨标本使用天然动物头骨制作，使用最先进工艺制成，使标本的保质期长达 50 年。

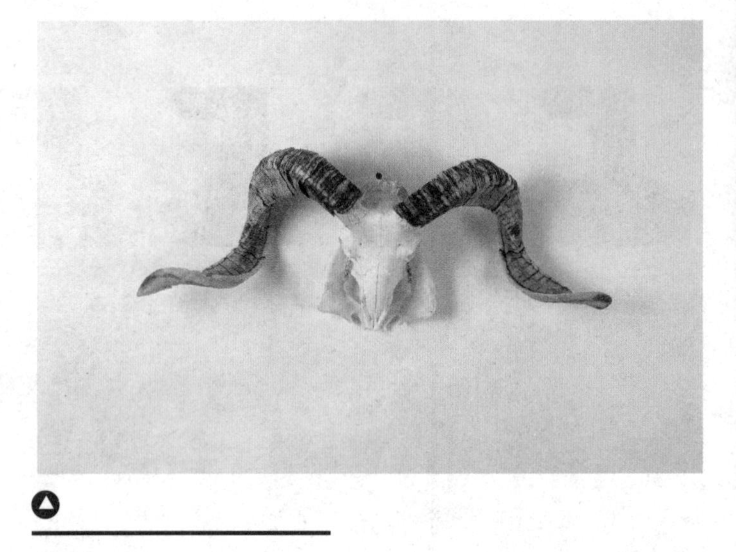

羊头骨

品牌：深圳博艺标本艺术中心
型号：szby-009
规格：750mm × 400mm
市场价：1 530 元
材质：天然头骨
风格：欧式
设计说明：羊头骨标本使用天然动物头骨制作，使用最先进工艺制成，使标本的保质期长达 50 年。

开屏蓝孔雀

品牌：深圳博艺标本艺术中心
型号：szby-006
规格：1850mm × 1200mm
市场价：35 200 元
材质：天然皮毛
风格：东南亚
设计说明：整只开屏蓝孔雀标本，材质选用天然皮毛，使用最先进工艺制作，使标本的保质期长达 50 年（特别接受定制姿态，尺寸）。

特级蓝孔雀

品牌：深圳博艺标本艺术中心
型号：szby-002
规格：2000mm × 650mm × 2200mm
市场价：19 600 元
材质：天然皮毛
风格：新中式，东南亚
设计说明：整只蓝孔雀标本，材质选用天然皮毛，使用最先进工艺制作，使标本的保质期长达 50 年（特别接受定制姿态，尺寸）。

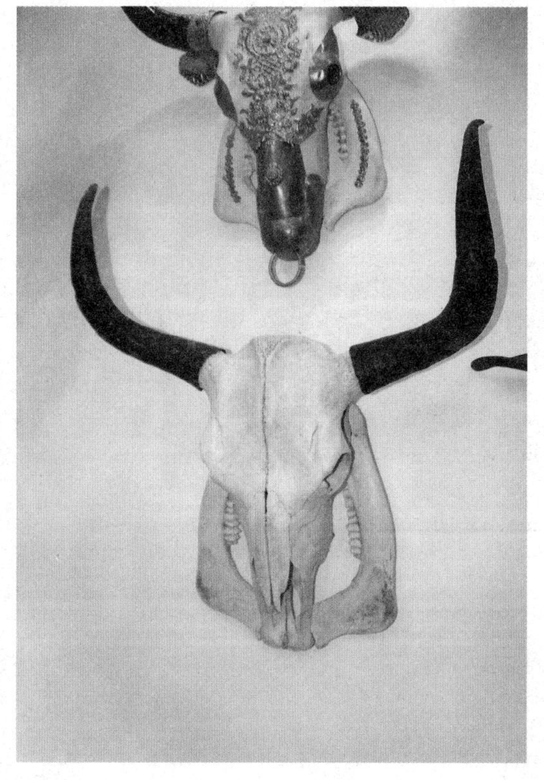

牦牛头骨

品牌：深圳博艺标本艺术中心
型号：szby-008
规格：750mm×700mm
市场价：1 630 元
材质：天然头骨
风格：欧式
设计说明：牦牛头骨标本使用天然动物头骨制作，使用最先进工艺制成，使标本的保质期长达 50 年。

鹿头

品牌：深圳博艺标本艺术中心
型号：szby-019
规格：1100mm×1000mm×700mm
市场价：12 600 元
材质：天然皮毛
风格：欧式
设计说明：天然的鹿头标本材质选用天然皮毛，使用最先进工艺制作，使标本的保质期长达50年(特别接受定制姿态，尺寸)。

整只梅花鹿

品牌：深圳博艺标本艺术中心
型号：szby-021
规格：1750mm×1600mm×700mm
市场价：23 000 元
材质：天然皮毛
风格：欧式
设计说明：整只鹿皮制作，材质选用天然皮毛，使用现在最先进工艺制作而成，保质期50年(特别接受定制姿态,尺寸)。

1:1 绵羊

品牌：深圳博艺标本艺术中心
型号：szby-026
规格：1300mm×900mm×450mm
市场价：6 500 元
材质：天然皮毛
风格：欧式
设计说明：采用天然的澳洲羊皮毛，使用现在最先进工艺制作而成，使标本的保质期长达 50 年。

整只马鹿

品牌：深圳博艺标本艺术中心
型号：szby-023
规格：1900mm×1750mm×800mm
市场价：46 000 元
材质：天然皮毛
风格：欧式
设计说明：整只鹿皮制作，材质选用天然皮毛，使用现在最先进工艺制作而成，保质期 50 年（特别接受定制姿态，尺寸）。

羊头骨

品牌：深圳博艺标本艺术中心
型号：szby-025
规格：650mm × 700mm
市场价：4 600 元
材质：天然皮毛
风格：欧式
设计说明：采用天然的澳洲羊皮毛，使用现在最先进工艺制作而成，使标本的保质期长达 50 年。

小绵羊

品牌：深圳博艺标本艺术中心
型号：szby-027
规格：300mm × 250mm × 100mm
150mm × 80mm × 50mm
150mm × 80mm × 50mm
市场价：650 元
材质：天然皮毛
风格：欧式
设计说明：采用天然的澳洲羊皮毛，使用现在最先进工艺制作而成，使标本的保质期长达 50 年。

1:1 大白马

品牌：深圳博艺标本艺术中心
型号：szby-028
规格：2200mm × 2400mm × 1000mm
市场价：420 000 元
材质：天然皮毛
风格：欧式
设计说明：整只动物标本采用最先进工艺制作，使标本的保质期长达 50 年（特别接受定制姿态，尺寸）

狐狸

品牌：深圳博艺标本艺术中心
型号：szby-030
规格：700mm × 450mm × 300mm
市场价：21 000 元
材质：天然皮毛
风格：欧式
设计说明：整只动物标本天然皮毛，使用最先进工艺制成，使标本的保质期长达 50 年（特别接受定制姿态，尺寸）。

环锦稚

品牌：深圳博艺标本艺术中心
型号：szby-031
规格：550mm × 600mm
市场价：2 150 元
材质：天然皮毛
风格：欧式
设计说明：整只小鸟标本，使用现代最先进工艺制作而成。使标本的保质期长达 50 年（特别接受定制姿态，尺寸）。

白鸽子

品牌：深圳博艺标本艺术中心
型号：szby-032
规格：400mm × 250mm
市场价：1 250 元
材质：天然皮毛
风格：欧式
设计说明：整只小鸟标本，使用现代最先进工艺制作而成。使标本的保质期长达 50 年（特别接受定制姿态，尺寸）。

1:1 小矮马

品牌：深圳博艺标本艺术中心
型号：szby-029
规格：1750mm × 1500mm × 400mm
市场价：38 000 元
材质：天然皮毛
风格：欧式
设计说明：整只动物标本最先进工艺制作使标本的保质期长达 50 年（特别接受定制姿态，尺寸）。

公鸡

品牌：深圳博艺标本艺术中心
型号：szby-033
规格：450mm × 400mm
市场价：2 650 元
材质：天然皮毛
风格：欧式
设计说明：整只公鸡标本，使用现代最先进工艺制作而成。使标本的保质期长达 50 年（特别接受定制姿态，尺寸）。

牛头

品牌：深圳博艺标本艺术中心
型号：szby-024
规格：850mm×500mm
市场价：5 200 元
材质：天然皮毛
风格：欧式
设计说明：天然牛头标本，材质选用天然皮毛，使用现在最先进工艺制作而成，保质期 50 年。

落地犀牛家具（常规）

品牌：悠良创新家居体验馆
型号：UM005HU
规格：L1160mm×W440mm×H540mm
市场价：4 312 元
材质：实木多层板（原木面）
风格：北欧现代
设计说明：一只犀牛，它站起来了，摆出一副渴望突破、勇于实现梦想的姿态。它用那强悍的身躯承载着我们的书籍和毕生之收藏，随着阅历的积累，不断丰富，相信总有一天，我们的梦想不只是一种姿态。

大（小）简鹿头

品牌：悠良创新家居体验馆
型号：UM010（UM011）
规　格：H700mm×W520mm× 厚 260mm（H450mm×W200mm× 厚 200mm）
市场价：675 元（337 ）元
材质：实木多层板（原木面）
风格：北欧现代
设计说明：个性化的木质积木的驯鹿头墙挂，其富有装饰性与自然个性化的装饰表现，能够吸引无数人的关注。

曲柳大驯鹿头

品牌：悠良创新家居体验馆
型号：UM001
规 格：H890mm×W960mm× 厚 600mm
市场价：1 700 元
材质：实木多层板（原木面）
风格：北欧现代
设计说明：个性化的木质积木的驯鹿头墙挂，其富有装饰性与自然个性化的装饰表现，能够吸引无数人的关注。

落地鹿家具（常规）

品牌：悠良创新家居体验馆
型号：UM012
规格：H1440mm×W350mm×L1280mm
市场价：4 412 元
材质：实木多层板（原木面）
风格：北欧现代
设计说明：书架式设计小鹿，不仅是一个别致的边桌，还可用来管理个人物品、文件、首饰等，甚至饰演床边收纳柜也是不错的选择。

北欧小木钟

品牌：悠良创新家居体验馆
型号：UM006
规格：H400mm×W380mm×厚 6.50mm
市场价：495 元
材质：实木多层板（原木面）
风格：北欧现代
设计说明：简洁天然的木质挂钟，十分具有创意，是很时尚的家居饰品，适合当代家居需求，尤其是现代年轻潮人的首选。

挂熊

品牌：悠良创新家居体验馆
型号：UM015
规格：H360mm× W 30.50mm× 厚 350mm
市场价：875 元
材质：实木多层板（原木面）
风格：北欧现代
设计说明：熊头壁挂实用而具有创意，实木质地坚固耐用，灵感与巧妙设计的结合，能起到装饰与收纳作用，节约空间增加美观，更增添家居生活的乐趣。

挂狮子

品牌：悠良创新家居体验馆
型号：UM016
规格：H390mm×W320mm×厚 26.50mm
市场价：875 元
材质：实木多层板（原木面）
风格：北欧现代
设计说明：狮子头壁挂实用而具有创意，实木质地坚固耐用，灵感与巧妙设计的结合，能起到装饰与收纳作用，节约空间增加美观，更增添家居生活的乐趣。

新巴洛克原木台灯

品牌：悠良创新家居体验馆
型号：UM017
规格：H580mm×Φ320mm
市场价：1 225 元
材质：实木多层板（原木面）
风格：北欧现代
设计说明：小巧精致，巴洛克元素融入整个台灯中，实用的同时也兼顾了装饰性。

特大骆驼

品牌：悠良创新家居体验馆
型号：UM020
规格：H2100mm×W2700mm×厚 850mm
市场价：32 500 元
材质：实木多层板（原木面）
风格：北欧现代
设计说明：书架式设计骆驼，不仅是一个别致的边桌，还可用来管理个人物品、文件、首饰等，甚至饰演床边收纳柜也是不错的选择。

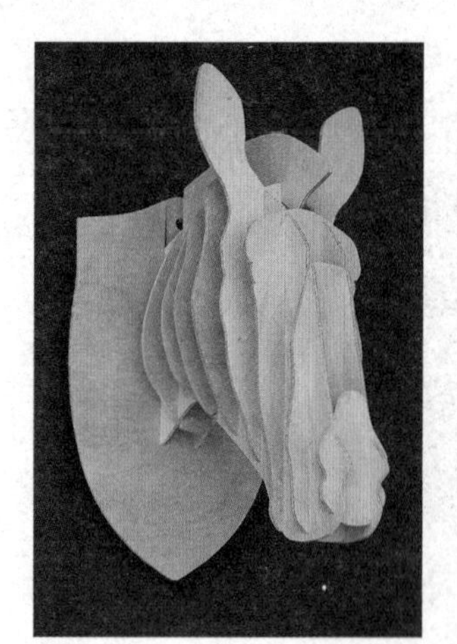

挂件马

品牌：悠良创新家居体验馆
型号：UM023
规格：H470mm × W270mm × 厚 360mm
市场价：875 元
材质：实木多层板（原木面）
风格：北欧现代
设计说明：马头壁挂实用而具有创意，实木质地坚固耐用，具备灵感与巧妙设计的结合，能起到装饰与收纳作用，节约空间增加美观，更增添家居生活的乐趣。

副扎鹿头

品牌：悠良创新家居体验馆
型号：UM019
规格：H640mm × W480mm × 厚 350mm
市场价：900 元
材质：实木多层板（原木面）
风格：北欧现代
设计说明：实木鹿头挂饰，时尚客厅的好搭档。它优雅稳重，适用于任何家庭和商业空间。

挂斑马

品牌：悠良创新家居体验馆
型号：UM022
规格：H470mm × W270mm × 厚 350mm
市场价：875 元
材质：实木多层板（原木面）
风格：北欧现代
设计说明：斑马头壁挂实用而具有创意，实木质地坚固耐用，灵感与巧妙设计的结合，能起到装饰与收纳作用，节约空间增加美观，更增添家居生活的乐趣。

绣绮亭

品牌：清境家具
型号：MX-004
规格：L260mm × W200mm × H200mm
市场价：1 380 元
材质：木材
风格：新中式

可亭

品牌：清境家具
型号：MX-014
规格：D240mm × H240mm
市场价：880 元
材质：木材
风格：新中式

玲珑馆

品牌：清境家具
型号：MX-010
规格：L440mm × W320mm × H240mm
市场价：3 850 元
材质：木材
风格：新中式

休闲茶具套

品牌：美联饰界
型号：MLR-007-9
市场价：965 元
描述：MLCD006-1,ML-42，ML-0154-C-2,ML-0154-W-3，MLCK002,MLCJ002-M

休闲茶具套

品牌：美联饰界
型号：ML-0149
市场价：680 元
描述：休闲茶具套 ML-0066-W-2，MLR-001-W×2,MLR-002-W,0073-C,ML-49，ML-21L-1

休闲茶具套

品牌：美联饰界
型号：MLR-007-11
市场价：965 元
描述：MLCD006-2，ML-0066-W-1，ML-0066-W-2，MLR-006-L，ML-42，MLCJ002-M,MLCK003-B,MLF005×3

休闲茶具套

品牌：美联饰界
型号：MLR-007-13
市场价：750 元
描述：MLCD006-2,ML-42，MLCK002,MLCJ002-M,ML-0168，ML-0171-1，ML-0171-2

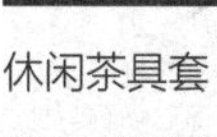

休闲茶具套

品牌：美联饰界
型号：MLR-0011
市场价：450 元
描述：MLTP001-W-3,MLR-002-W,MLR-008-W,MLF005×2

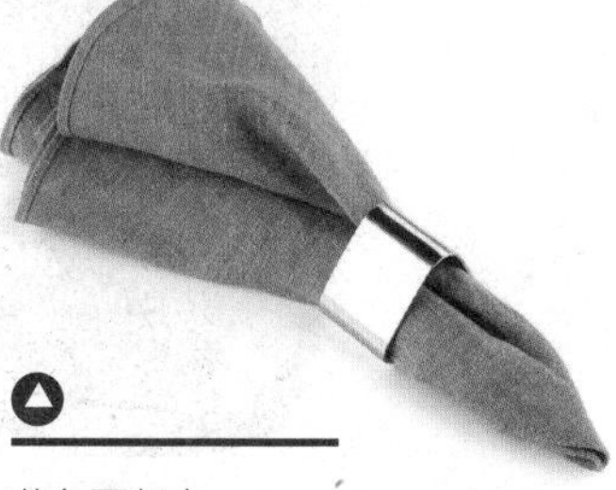

蓝色圆餐巾

品牌：美联饰界
型号：MLCJ004-B
市场价：116.67 元

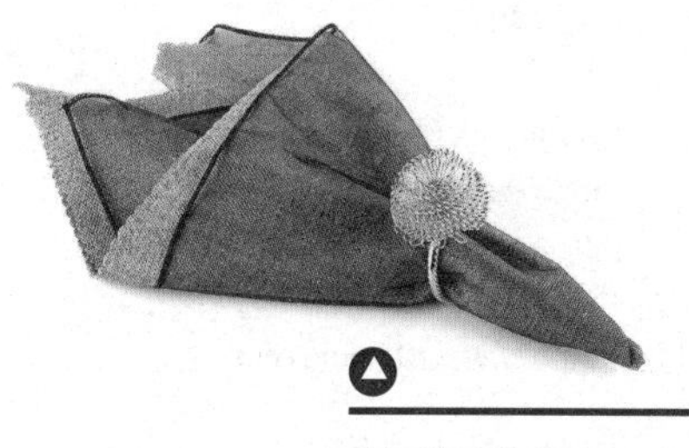

欧根纱麻布餐巾（双层，棕灰）

品牌：美联饰界
型号：MLCJ003
市场价：93.33 元

麻布餐垫（深色）

品牌：美联饰界
型号：MLCD004-2
规格：320mm×450mm
市场价：116.67 元

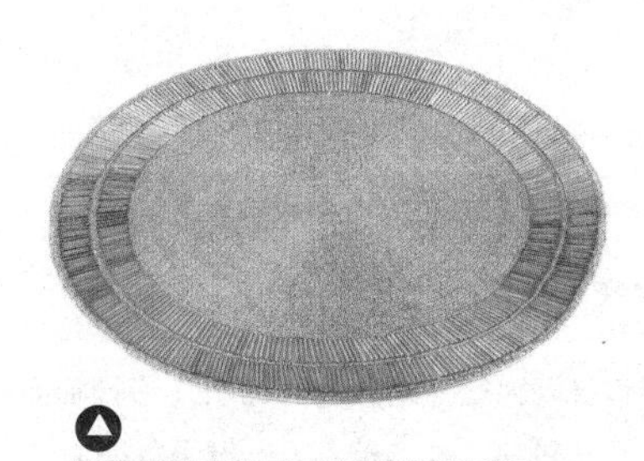

手工餐垫

品牌：美联饰界
型号：MLCD003
规格：350mm
市场价：733.33 元

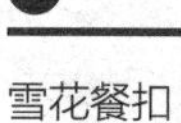

雪花餐扣

品牌：美联饰界
型号：MLCK001
市场价：50 元

《软装素材宝典》特约家居品牌

品牌：Harbor House
网址：http://www.harborhousehome.com/

品牌：风尚设计
网址：http://www.fashionsz.com

品牌：蓦然回首
网址：http://www.mrhs.cn/

品牌：琪朗灯饰
网址：http://www.kinglong-lighting.com/

品牌：美豪生活家居
网址：http://www.szmhouse.com/

品牌：异象名家居
网址：http://www.yxmhome.com/

品牌：卡迪娅家居
网址：http://www.katiahome.com

品牌：悠良家居
QQ：2564494072

品牌：深圳市欣意美
网址：http://www.bmb2006.com

品牌：博瑞奇
网址：http://www.tshhome.com

品牌：深圳博艺标本艺术中心
网址：http://www.china-taxidermy.com

品牌：美联饰界
网址：http://www.asjcn.com

本书所有图片都可登陆 www.i-rz.cn 下载

凤凰空间联合中装美艺旗下网站——中国软装速算网为您开通价值 1000 元【设计师会员】资格，并赠送您 500 元现金抵用券，您可以全球采购、在线预算、成本控制、一键下载高清图片，并获得良好设计资讯，赶紧凭借书籍中的下载码到 www.i-rz.cn 注册吧。凤凰会员专用通道：http://www.i-rz.cn/register833.html

ZZMY
Soft Design Education
中裝美藝®
严建中
中国建筑装饰协会设计委员会副主任委员
中国室内装饰协会装饰材料用品委员会执行秘书长
世界向东软装艺术设计周秘书长
中国设计传承金凤凰奖发起人
杭州师范大学美术学院客座教授
凤凰出版传媒集团特聘出版顾问
主要著作：《软装设计教程》《软装色彩教程》
吴 艳
中装美艺软装教育院长
中国室内装饰协会装饰材料用品委员会副主任
杭州师范大学美术学院客座教授
2015年中国设计传承青年名师
主要著作：《软装色彩教程》《跟着大师学软装》